"十四五"高等职业教育新形态一体化教材

人工智能技术应用

深度学习技术与应用
（TensorFlow版）

董佳佳　巩建学　赵瑞丰◎主　编
葛　鹏　李俊吉　汪胜平　邢文文　卓树峰◎副主编

中国铁道出版社有限公司
CHINA RAILWAY PUBLISHING HOUSE CO., LTD.

内 容 简 介

本书是高等职业院校人工智能技术应用专业的专业核心课教材，以深度学习常用的技术和TensorFlow 2.0的框架相结合，以真实案例为载体，介绍了深度学习的概念、TensorFlow基础语法、神经网络原理、实战练习等内容。

通过学习本书，读者可以通过搭建自己的神经网络模型来进行图像识别、目标检测、人脸识别、图像分割等应用，还可以使用神经网络生成图像、基于TensorFlow.js框架搭建网页端的人工智能应用等。本书以项目—任务的方式组织内容，每个项目下都配备了3～5个任务供实践练习使用。通过体验书中的深度学习案例，读者可以逐渐对深度学习的项目有所了解，并能够熟练地进行实践。

本书适合作为高等职业院校人工智能技术应用专业的教材，也可作为人工智能爱好者及社会工作者的学习参考书。

图书在版编目（CIP）数据

深度学习技术与应用：TensorFlow版/董佳佳，巩建学，赵瑞丰主编. — 北京：中国铁道出版社有限公司，2024.4
"十四五"高等职业教育新形态一体化教材
ISBN 978-7-113-30840-7

Ⅰ.①深… Ⅱ.①董… ②巩… ③赵… Ⅲ.①机器学习-高等职业教育-教材 Ⅳ.①TP181

中国国家版本馆CIP数据核字（2023）第257620号

书　　名	深度学习技术与应用（TensorFlow版）
作　　者	董佳佳　巩建学　赵瑞丰

策　　划	徐海英	编辑部电话：（010）63551006	
责任编辑	王春霞　彭立辉		
封面设计	尚明龙		
责任校对	刘　畅		
责任印制	樊启鹏		

出版发行	中国铁道出版社有限公司（100054，北京市西城区右安门西街8号）
网　　址	http://www.tdpress.com/51eds/
印　　刷	河北京平诚乾印刷有限公司
版　　次	2024年4月第1版　2024年4月第1次印刷
开　　本	850 mm×1 168 mm　1/16　印张：11　字数：259 千
书　　号	ISBN 978-7-113-30840-7
定　　价	35.00元

版权所有　侵权必究

凡购买铁道版图书，如有印制质量问题，请与本社教材图书营销部联系调换。电话：（010）63550836
打击盗版举报电话：（010）63549461

"十四五"高等职业教育新形态一体化教材
编审委员会

总顾问：谭浩强（清华大学）　　　　　　　黄心渊（中国传媒大学）

主　任：高　林（北京联合大学）

副主任：鲍　洁（北京联合大学）　　　　　眭碧霞（常州信息职业技术学院）

　　　　孙仲山（宁波职业技术学院）　　　秦绪好（中国铁道出版社有限公司）

委　员：（按姓氏笔画排序）

于　京（北京电子科技职业学院）	于　鹏（新华三技术有限公司）
于大为（苏州信息职业技术学院）	万　冬（北京信息职业学院）
万　斌（珠海金山办公软件有限公司）	王　芳（浙江机电职业技术学院）
王　坤（陕西工业职业技术学院）	王　忠（海南经贸职业技术学院）
方风波（荆州职业技术学院）	方水平（北京工业职业技术学院）
左晓英（黑龙江交通职业技术学院）	龙　翔（湖北生物科技职业学院）
史宝会（北京信息职业技术学院）	乐　璐（南京城市职业学院）
吕坤颐（重庆城市管理职业学院）	朱伟华（吉林电子信息职业技术学院）
朱震忠（西门子（中国）有限公司）	邬厚民（广州科技贸易职业学院）
刘　松（天津电子信息职业技术学院）	汤　徽（新华三技术有限公司）
许建豪（南宁职业技术学院）	阮进军（安徽商贸职业技术学院）
孙　刚（南京信息职业技术学院）	孙　霞（嘉兴职业技术学院）
芦　星（北京久其软件有限公司）	杜　辉（北京电子科技职业学院）
李军旺（岳阳职业技术学院）	杨文虎（山东职业学院）
杨龙平（柳州铁道职业技术学院）	杨国华（无锡商业职业技术学院）

吴　俊（义乌工商职业技术学院）　　　吴和群（呼和浩特职业学院）
汪晓璐（江苏经贸职业技术学院）　　　张　伟（浙江求是科教设备有限公司）
张明白（百科荣创（北京）科技发展有限公司）　陈小中（常州工程职业技术学院）
陈子珍（宁波职业技术学院）　　　　　陈云志（杭州职业技术学院）
陈晓男（无锡科技职业学院）　　　　　陈祥章（徐州工业职业技术学院）
邵　瑛（上海电子信息职业技术学院）　武春岭（重庆电子工程职业学院）
苗春雨（杭州安恒信息技术股份有限公司）罗保山（武汉软件职业技术学院）
周连兵（东营职业学院）　　　　　　　郑剑海（北京杰创科技有限公司）
胡大威（武汉职业技术学院）　　　　　胡光永（南京工业职业技术大学）
姜大庆（南通科技职业学院）　　　　　聂　哲（深圳职业技术学院）
贾树生（天津商务职业学院）　　　　　倪　勇（浙江机电职业技术学院）
徐守政（杭州朗迅科技有限公司）　　　盛鸿宇（北京联合大学）
崔英敏（私立华联学院）　　　　　　　葛　鹏（随机数（浙江）智能科技有限公司）
焦　战（辽宁轻工职业学院）　　　　　曾文权（广东科学技术职业学院）
温常青（江西环境工程职业学院）　　　赫　亮（北京金芥子国际教育咨询有限公司）
蔡　铁（深圳信息职业技术学院）　　　谭方勇（苏州职业大学）
翟玉锋（烟台职业技术学院）　　　　　樊　睿（杭州安恒信息技术股份有限公司）

秘　书：翟玉峰（中国铁道出版社有限公司）

序

2021年十三届全国人大四次会议表决通过的《中华人民共和国国民经济和社会发展第十四个五年规划和2035年远景目标纲要》，对我国社会主义现代化建设进行了全面部署。"十四五"时期对国家的要求是高质量发展，对教育的定位是建立高质量的教育体系，对职业教育的定位是增强职业教育的适应性。当前，在百年未有之大变局下，在"十四五"开局之年，如何切实推动落实《国家职业教育改革实施方案》《职业教育提质培优行动计划（2020—2023年）》等文件要求，是新时代职业教育适应国家高质量发展的核心任务。随着新科技和新工业化发展阶段的到来和我国产业高端化转型，必然引发企业用人需求和聘用标准发生新的变化，以人才需求为起点的高职人才培养理念使创新中国特色人才培养模式成为高职战线的核心任务，为此国务院和教育部制定和发布了包括"1+X"职业技能等级证书制度、专业群建设、"双高计划"、专业教学标准、信息技术课程标准、实训基地建设标准等一系列的文件，为探索新时代中国特色高职人才培养指明了方向。

要落实国家职业教育改革一系列文件精神，培养高质量人才，就必须解决"教什么"的问题，必须解决课程教学内容适应产业新业态、行业新工艺、新标准要求等难题，教材建设改革创新就显得尤为重要。国家这几年对于职业教育教材建设加大了力度，2019年，教育部发布了《职业院校教材管理办法》（教材〔2019〕3号）、《关于组织开展"十三五"职业教育国家规划教材建设工作的通知》(教职成司函〔2019〕94号),在2020年又启动了《首届全国教材建设奖全国优秀教材(职业教育与继续教育类)》评选活动,这些都旨在选出具有职业教育特色的优秀教材,并对下一步如何建设好教材进一步明确了方向。在这种背景下,坚持以习近平新时代中国特色社会主义思想为指导,落实立德树人根本任务,适应新技术、新产业、新业态、新模式对人才培养的新要求,中国铁道出版社有限公司邀请我与鲍洁教授共同策划组织了"'十四五'高等职业教育新形态一体化教材",尤其是我国知名计算机教育专家谭浩强教授、全国高等院校计算机基础教育研究会会长黄心渊教授对课程建设和教材编写都提出了重要的指导意见。这套教材在设计上把握了如下几个原则:

1. 价值引领、育人为本。牢牢把握教材建设的政治方向和价值导向,充分体现党和国家的意志,体现鲜明的专业领域指向性,发挥教材的铸魂育人、关键支撑、固本培元、文化交流等功能和作用,培养适应创新型国家、制造强国、网络强国、数字中国、智慧社会需要的不可或缺的高层次、高素质技术技能型人才。

2. 内容先进、突出特性。充分发挥高等职业教育服务行业产业优势,及时将行业、产业的新技术、新工艺、新规范作为内容模块,融入教材中去。并且为强化学生职业素养养成和专业技术积累,将专业精神、职业精神和工匠精神融入教材内容,满足职业教育的需求。此外,为适应项目学习、案例学习、模块化学习等不同学习方式要求,注重以真实生产项目、典型工作任务、案例等为载体组织教学单元的教材、新型活页式、工作手册式等教材,力求教材反映人才培养模式和教学改革方向,有效激发学生学习兴趣和创新潜能。

3. 改革创新、融合发展。遵循教育规律和人才成长规律,结合新一代信息技术发展和产业变革对人才的需求,加强校企合作、深化产教融合,深入推进教材建设改革。加强教材与教学、教材与课程、教材与教法、线上与线下的紧密结合，信息技术与教育教学的深度融合，通过配套数字化教学资源，满足教学需求和符合学生特点的新形态一体化教材。

4. 加强协同、锤炼精品。准确把握新时代方位，深刻认识新形势新任务，激发教师、企业人员内在动力。组建学术造诣高、教学经验丰富、熟悉教材工作的专家队伍，支持科教协同、校企协同、校际协同开展教材编写，全面提升教材建设的科学化水平，打造一批满足学科专业建设要求，能支撑人才成长需要、经得起实践检验的精品教材。

按照教育部关于职业院校教材的相关要求，充分体现工业和信息化领域相关行业特色，以高职专业和课程改革为基础，编写信息技术课程、专业群平台课程、专业核心课程等所需教材。本套教材计划出版4个系列，具体为：

1. 信息技术课程系列。教育部发布的《高等职业教育专科信息技术课程标准（2021年版）》给出了高职计算机公共课程新标准，新标准由必修的基础模块和由12项内容组成的拓展模块两部分构成。拓展模块反映了新一代信息技术对高职学生的新要求，各地区、各学校可根据国家有关规定，结合地方资源、学校特色、专业需要和学生实际情况，自主确定拓展模块教学内容。在这种新标准、新模式、新要求下构建了该系列教材。

2. 电子信息大类专业群平台课程系列。高等职业教育大力推进专业群建设，基于产业需求的专业结构，使人才培养更适应现代产业的发展和职业岗位的变化。构建具有引领作用的专业群平台课程和开发相关教材，彰显专业群的特色优势地位，提升电子信息大类专业群平台课程在高职教育中的影响力。

3. 新一代信息技术类典型专业课程系列。以人工智能、大数据、云计算、移动通信、物联网、区块链等为代表的新一代信息技术，是信息技术的纵向升级，也是信息技术之间及其与相关产业的横向融合。在此技术背景下，围绕新一代信息技术专业群（专业）建设需要，重点聚焦这些专业群（专业）缺乏教材或者没有高水平教材的专业核心课程，完善专业教材体系，支撑新专业加快发展建设。

4. 本科专业课程系列。在厘清应用型本科、高职本科、高职专科关系，明确高职本科服务目标，准确定位高职本科基础上，研究高职本科电子信息类典型专业人才培养方案和课程体系，在培养高层次技术技能型人才方面，组织编写该系列教材。

新时代，职业教育正在步入创新发展的关键期，与之配合的教育模式以及相关的诸多建设都在深入探索，本套教材建设按照"选优、选精、选特、选新"的原则，发挥高等职业教育领域的院校、企业的特色和优势，调动高水平教师、企业专家参与，整合学校、行业、产业、教育教学资源，充分认识到教材建设在提高人才培养质量中的基础性作用，集中力量打造与我国高等职业教育高质量发展需求相匹配、内容和形式创新、教学效果好的课程教材体系，努力培养德智体美劳全面发展的高层次、高素质技术技能人才。

本套教材内容前瞻、体系灵活、资源丰富，是值得关注的一套好教材。

国家职业教育指导咨询委员会委员
北京高等学校高等教育学会计算机分会理事长
全国高等院校计算机基础教育研究会荣誉副会长

2021 年 8 月

前言

人工智能算法最早可以追溯至 17 世纪。贝叶斯、最小二乘法等统计学习方法的诞生，奠定了人工智能理论的基础。现在被社会所熟知的人工智能，更多指的是自 20 世纪末崛起的机器学习技术和 21 世纪以来逐渐被广泛应用的神经网络技术。随着信息技术的发展，人工智能站在了时代的前沿，成为最热门的学科和研究方向之一。

本书主要介绍人工智能浪潮中重要的组成部分——深度学习技术与应用，为读者深入讲解深度学习技术的原理与实践，从而使读者能够实现现实生活中常见的应用，如目标检测、图像生成、模型部署等任务。

本书结合随机数（浙江）智能科技有限公司"派 Lab"人工智能教学实训平台，解决大范围理工科学生对深度学习课程所需的算力支撑、实验案例资源、可扩展性的人工智能开放实验平台的需求，全方位支撑课程教学、实操、考核及科研活动。

本书包含以下内容：

（1）绪论　深度学习：介绍了从人工智能到机器学习，再到深度学习的发展史、机器学习与深度学习的区别、深度学习案例的实现与应用。

（2）项目一　基于 TensorFlow 实现线性回归：通过三个任务，让读者了解 TensorFlow 的张量与变量的概念、实现四则运算和使用 TensorFlow 搭建线性回归模型。

（3）项目二　搭建人工神经网络：介绍了人工神经网络到感知机再到全连接神经网络的发展，还介绍了梯度下降、前向传播、反向传播等概念，以及 TensorFlow 中 keras 库的使用方法。

（4）项目三　卷积神经网络实战：介绍了卷积神经网络在计算机视觉中的应用、卷积神经网络的框架经典的网络结构，以及常用的激活函数和损失函数。通过五个任务，实现了经典的分类任务。

（5）项目四 循环神经网络实战：通过五个任务，使读者了解循环神经网络的应用场景、循环神经网络及其变体，以及对学习率的配置。

（6）项目五 生成对抗网络实战：通过三个任务，介绍了有监督学习与无监督学习的应用场景，以及生成对抗网络的工作原理和应用领域。

（7）项目六 TensorFlow.js 实战：通过四个任务，介绍了基于 TensorFlow.js 框架搭建网页端的人工智能应用，实现深度学习模型的应用部署。

本书特色如下：

（1）通过建设人工智能在线教学实训平台，实现线上线下相结合，课内课外互通。利用该开放实训平台，学生在课堂内未完成的实验任务，可以在课堂外继续完成。

（2）以项目任务的方式讲解，以应用为导向，着重培养思维的启发和解决问题的能力，让读者在做中学。

（3）提供课件、源代码等供读者学习。为了配合课堂教学和自学，编者制作了高质量的教学课件、案例源代码和学习视频等，并不断更新平台的实训案例。

本书由董佳佳、巩建学、赵瑞丰任主编，葛鹏、李俊吉、汪胜平、刑文文、卓树峰任副主编，曲文鹏、徐立强、周玉萌参与编写。为了方便组织教学，本书配套的相关资料可通过"派 Lab"人工智能教学实训平台查看并下载，还可与编者联系（E-mail：15212639568@163.com）索取或者登录中国铁道出版社教育资源平台 http://www.tdpress.com/51eds/ 下载。

由于时间仓促，编者水平有限，书中难免存在疏漏和不妥之处，敬请广大读者批评指正。

编　者
2023 年 10 月

目 录

绪 论 深度学习 1

项目一 基于 TensorFlow 实现线性回归 7
【项目概述】 7
【项目目标】 7
【知识链接】 7
 1．TensorFlow 的概念 7
 2．TensorFlow 的应用 8
 3．张量与变量 9
 4．线性回归算法 11
【项目实施】 13
 任务一 使用 TensorFlow 实现四则运算 13
 任务二 使用 TensorFlow 实现一元线性函数计算 15
 任务三 使用 TensorFlow 搭建线性回归模型 16
【测验】 18
【项目总结】 20

项目二 搭建人工神经网络 21
【项目概述】 21
【项目目标】 21
【知识链接】 21
 1．人工神经网络 21
 2．感知机 24
 3．全连接神经网络 26
 4．前向与反向传播 27
 5．认识 TensorFlow.keras 框架 33

I

【项目实施】 ... 37
    任务一　搭建一个全连接神经网络 ... 37
    任务二　加载经典 Mnist 数据集 ... 38
    任务三　搭建全连接网络模型实现手写数字识别 ... 42
    任务四　搭建全连接网络模型实现手势识别 ... 44
【测验】 ... 47
【项目总结】 ... 48

项目三　卷积神经网络实战 ... 49

【项目概述】 ... 49
【项目目标】 ... 49
【知识链接】 ... 50
    1. 深度学习在计算机视觉中的应用 ... 50
    2. 卷积神经网络 ... 55
    3. 经典的卷积神经网络 ... 58
    4. 激活函数 ... 61
    5. 损失函数 ... 64
    6. FCN 网络 ... 66
【项目实施】 ... 67
    任务一　搭建一个卷积神经网络 ... 67
    任务二　使用卷积神经网络实现服装分类 ... 69
    任务三　使用全卷积神经网络实现宠物识别 ... 72
    任务四　模型的存储与调用 ... 79
    任务五　基于 YOLO 模型实现目标检测 ... 82
【测验】 ... 85
【项目总结】 ... 87

项目四　循环神经网络实战 ... 88

【项目概述】 ... 88
【项目目标】 ... 88
【知识链接】 ... 88
    1. 自然语言处理 ... 88
    2. 自然语言处理的应用场景 ... 90
    3. 循环神经网络及其变体 ... 91

【项目实施】......95
任务一　搭建一个循环神经网络......95
任务二　搭建一个 LSTM 网络......97
任务三　学习率衰减实践......98
任务四　使用循环神经网络实现垃圾邮件检测......100
任务五　使用循环神经网络实现自动生成纯音乐......106
【测验】......112
【项目总结】......113

项目五　对抗生成网络实战
【项目概述】......114
【项目目标】......114
【知识链接】......114
1. 有监督、无监督学习......114
2. 生成对抗网络......118
3. 生成对抗网络工作过程......119
4. 生成对抗网络的常见应用......120
【项目实施】......123
任务一　搭建一个 GAN 网络......123
任务二　使用 GAN 模型生成手写数字......125
任务三　使用 GAN 模型生成二次元动漫头像......130
【测验】......140
【项目总结】......141

项目六　TensorFlow.js 实战......142
【项目概述】......142
【项目目标】......142
【知识链接】......142
1. TensorFlow.js......142
2. 网页编程语言......144
【项目实施】......145
任务一　配置环境......145
任务二　基于 TensorFlow.js 实现回归预测......149
任务三　基于 TensorFlow.js 部署网页版手写数字识别......151

任务四　基于 TensorFlow.js 部署网页版服饰分类 155
【测验】 159
【项目总结】 160

参考文献 161

绪 论 深度学习

学习目标

- 了解人工智能、机器学习、深度学习之间的关系。
- 了解人工神经网络。
- 了解深度学习的实现。
- 了解深度学习的应用。

1. 人工智能、机器学习、深度学习之间的关系

人工智能是计算机科学的一个分支，试图让机器模拟人的意识、思维过程。从人工智能的发展历程来看，一共经历了三个阶段，如图 0-1 所示。

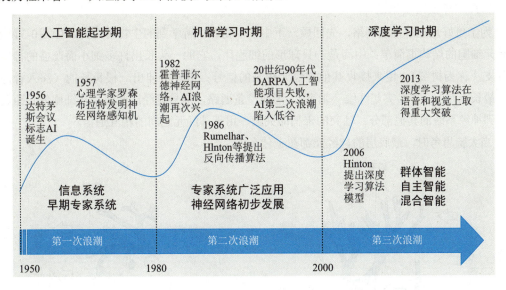

图 0-1 人工智能发展历程

如图 0-1 所示，第一次浪潮是人工智能起步期，这一阶段，人工智能主要用于解决代数、几何问题，以及学习和使用英语程序，研发主要围绕机器的逻辑推理能力展开。经过一段时间的发展，人工智能迎来了第二次浪潮——机器学习时期，专家系统所依赖的知识库系统和知识工程成了当时主要的研究方向，也涌现了很多机器学习算法（实现人工智能的一种方法）。直

到1993年，得益于海量数据和计算机算力的不断提升，感知智能步入成熟阶段。2006年深度学习算法的提出，以及2013年深度学习算法在语音和视觉上取得重大突破，直接推升了新一轮人工智能发展的浪潮，即人工智能发展的第三次浪潮——深度学习时期。它们三者的关系如图0-2所示，机器学习是人工智能的一个子集，深度学习是机器学习的一个子集，因此，机器学习其实是实现人工智能的一种方法，深度学习又是机器学习的一种实现方法，而深度学习的研究要从人工神经网络（artificial neural network，ANN）开始。

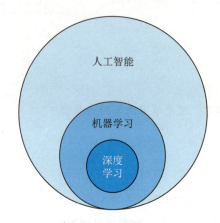

图0-2 机器学习与人工智能、深度学习的关系

2. 人工神经网络概述

为了更好地理解神经网络，先回顾一下中学生物课中所学到的生物神经元，如图0-3所示，神经元细胞的结构很简单：中间是一只球形的细胞体，它的一头长出许多细小而茂盛的神经纤维分支（称为树突），用来接收其他神经元传来的信号；另一头伸出一根长长的（深入脊髓的突触最长能有1 m多）突起纤维（轴突），形成一条通路，信号能经过此通路从细胞体长距离地传送到神经系统的其他部分。轴突的末梢即突触，用于神经元之间的相互通信。

当大脑思考时，最底层的神经元都在干什么？

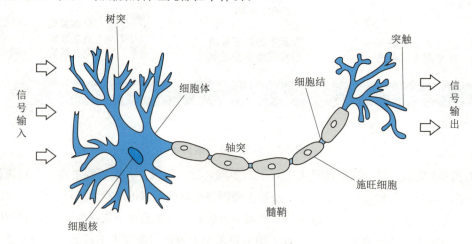

图0-3 生物神经网络图示

首先,各个树突接收到其他神经元细胞发出的电化学刺激脉冲,这些脉冲叠加后,一旦强度达到临界值,这个神经元就会产生动作电位,沿着轴突发送电信号。

最终,轴突将刺激传送到神经元末端的突触,电信号触发突触上面的电压敏感蛋白,释放出突触小体中的神经递质。当这些化学物质扩散到其他神经元的树突或轴突上时,又会激活新的神经元,于是信号终于传递到了二级神经元上。

这是一个复杂的流程,但是人工神经网络简化了其中的流程,即ANN是指由大量的处理单元(神经元)互相连接而形成的复杂网络结构,是对人脑组织结构和运行机制的某种抽象、简化和模拟。例如,就像理解汽车的工作原理,其实并不需要搞清楚93号汽油的化学成分一样,真正在大脑中运作的生物电化学反应完全可以抽象成更为本质的模型。

回忆一道应用题(灌水问题类比神经元示意图,见图0-4):有一只水桶,从外向里灌水需要10 min,从里向外放水要15 min,现在把进出水龙头全开,求多长时间可以把水桶灌满。如果忽略电信号是怎样在生物细胞中传输的这样的技术细节,其实神经元模型可以等价为一只有多根进水管(树突)和一根放水管(轴突)的水桶。注意,这两种水管的高度是不一样的,只当树突灌进足够多的水(信号),使得水位上升到足够高(阈值)时,轴突这根出水管才会流出水来(激发),而流出的水会流进(传输)下一只水桶。此时,水桶里水位突然下降,要等待一段时间才能再次流向下一个水桶。这样,水桶1号的水流入水桶2号中,灌满水的水桶2号继续将水流向水桶3号……把这个场景扩大到千亿颗神经元,就是人脑的原型图。虽然人脑并不是由液压系统驱动的,但是神经元的连接方式却是基于相同的原理。

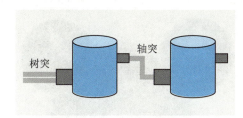

图0-4 灌水问题类比神经元示意图

深度学习使用了某种形式的人工神经网络技术,因此必须先用示例数据进行训练。经过训练的人工神经网络就可以用来执行相关任务。使用已经过训练的人工神经网络的过程称为"推理"。在推理时,人工神经网络会根据习得的规则对所提供的数据进行预测或评估。研究深度学习的动机在于建立模拟人脑进行分析学习的神经网络,它模仿人脑的机制来解释数据,如图像、声音和文本等。

3. 机器学习与深度学习的区别

机器学习在进行具体的任务(如回归、聚类、分类)之前,一定要人为地进行特征处理。相比较而言,深度学习的突破在于模型本身就可以用来进行自动化地挖掘潜在特征。这也是为什么深度学习在人工智能应用的各个领域和产业中逐渐占据主导地位的原因。

如图0-5所示,传统机器学习过程中包含了特征工程,该步骤的特征抽取要靠手动完成,而且需要大量领域的专业知识,进而使用人为指定的特征完成模型的训练,如图0-5(a)所示。深度学习通常由多个网络层组成，它们通常将更简单的模型组合在一起，来构建更复杂的模型，如图0-5（b）所示。它可以将数据直接作为输入，在模型训练的过程中，可以自动提取输入数据的特征。

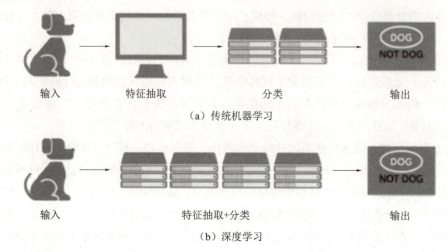

图 0-5　传统机器学习与深度学习的对比

在深度学习盛行之前，人工智能从业者中将大量时间花费在特征和各类技巧上，而深度学习一经推出，便凭借优异的性能成了行业主流的解决方案，其他诸如Adaboost派、特征设计派、And-Or Graph派、Deformable Model派等技巧逐渐被淘汰，如图0-6所示。

图 0-6　深度学习代替其他技巧

因此，核心区别是：深度学习使AI从业者不再需要花费大量时间在特征的设计上。

4. 深度学习的实现

深度学习的处理结构与人脑类似，那么它在流程上又是什么样子的呢？如图0-7所示，人类在成长过程中积累了很多历史与经验，人类可以定期地对这些经验进行归纳，总结出生活中的一些规律，此后当人类遇到未知问题或者需要对未知事件进行预测时，就可以使用这些规律指导自己的生活和工作。

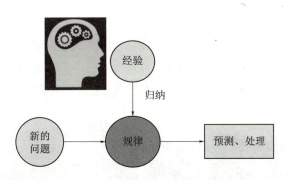

图 0-7 人类的学习模式

深度学习或者说机器学习的学习模式也是如此,它基于已知的数据,通过某种算法去学习数据中存在的潜在规律,并以模型的形式保存下来,进而让模型可以对未知结果的数据进行预测。图 0-8 所示为深度学习的一般流程。

图 0-8 深度学习的一般流程

①明确问题:即抽象为深度学习的预测问题:需要什么样的输入和输出数据,目标是得到什么样的模型。

②数据选择:学习过程中会提取到高层次抽象的特征,大幅弱化了对特征工程的依赖,正因如此,数据选择也显得格外重要,它决定了模型效果的上限。如果数据质量差,预测的结果自然也是很差的。

③特征工程:就是对原始数据进行分析处理,转化为模型可用的特征。这些特征可以更好地向预测模型描述潜在规律,从而提高模型对未见数据的准确性。对于深度学习模型,对于特征的加工环节并不多,主要是一些数据的分析、预处理,然后就可以灌入神经网络模型。

④模型训练。主要包含三步骤:

• 构建模型结构(主要有神经网络结构设计、激活函数的选择、模型权重如何初始化、正则化策略的设置等)。

• 模型编译(主要有学习目标、优化算法的设置)。

• 模型训练及超参数调试(主要有划分数据集,超参数调节及训练)。

⑤模型评估:机器学习的目标是极大化降低损失函数,但这不仅仅是学习过程中对训练数据有良好的预测能力,根本上还在于要对新数据(测试集)能有很好的预测能力(泛化能力)。评估模型的预测误差常用损失函数的大小来判断,如回归预测的均方损失。但除此之外,对于一些任务,用损失函数作为评估指标并不直观,所以像分类任务的评估还常用到查准率、查全率,可以直接展现各种类别的正确分类情况。评估模型的拟合效果,常用欠拟合、拟合良好、过拟合来表述。通常,拟合良好的模型有更好的泛化能力,对未知数据有更好的效果。

⑥决策:决策应用是最终目的,对模型预测信息加以分析解释,并应用于实际的工作领域。

5. 深度学习的应用

深度学习在多个领域都有应用，如语音识别、自动机器翻译、图像识别等。图0-9所示为在图像领域的一个应用成果，即给黑白的老照片自动上色，其中图0-9（a）是一张1909年的保龄球馆的老照片，图0-9（b）是用深度学习技术完成上色之后的照片。

老照片上色

（a）老照片　　　　　　　　　　　　（b）上色之后的照片

图 0-9　老照片上色

语音识别和智能语音助手也是深度学习的流行应用，广泛用于家庭和办公室，以简化日常事务。目前，越来越多的人在使用虚拟助手，并且在互动的过程中越来越了解人的偏好、兴趣。

在欺诈检测方面，如今的货币交易正在走向数字化，一些反欺诈的应用程序在深度学习的帮助下可以帮助人们实时检测欺诈行为。

深度学习技术还被用在游戏领域，在大多数的游戏里，深度学习网络训练的模型可以超越很多有经验的玩家。

项目一
基于 TensorFlow 实现线性回归

项目概述

本项目是开始深度学习的第一个项目，通过这个项目来认识并初步掌握 TensorFlow 框架的基本使用，并能够解决机器学习中的一些基础问题。本项目包含三个任务：通过任务一了解 TensorFlow 的基本语法，练习各种张量的创建与使用；通过任务二熟练调用 TensorFlow 框架中的相关运算函数，实现一元线性函数的计算过程，为下一个线性回归任务做准备；通过任务三实现模型训练过程中的参数更新过程以及可视化回归效果。

项目目标

知识目标：
- 了解 TensorFlow 的概念。
- 了解 TensorFlow 的应用。
- 掌握 TensorFlow 中张量的概念。

技能目标：
- 能够创建不同类型的张量。
- 能够熟练进行张量计算。
- 能够搭建线性回归模型。

素质目标：
- 具备良好的职业道德。
- 团结协作、互相帮助。

知识链接

1. TensorFlow 的概念

TensorFlow 是由谷歌人工智能团队谷歌大脑开发和维护的深度学习框架，是目前人工智能领域主流的开发框架。图 1-1 所示为人工智能领域比较流行的开发框架，在全球有着广泛的用户群体。

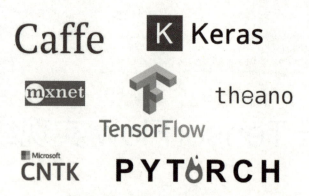

图 1-1　人工智能流行的开发框架

谷歌大脑自2011年成立以来开展了面向科学研究和谷歌产品开发的大规模深度学习应用研究，其早期工作框架是TensorFlow的前身DistBelief，也称为"第一代机器学习系统"。2015年，在DistBelief的基础上，谷歌大脑完成了对"第二代机器学习系统"TensorFlow的开发并对代码开源。相比于前者，TensorFlow在性能上有显著改进，构架灵活性和可移植性也得到增强。此后TensorFlow快速发展，已拥有包含各类开发和研究项目的完整生态系统。在2018年4月的TensorFlow开发者峰会中，有21个TensorFlow相关主题得到展示。

①天体物理学家使用TensorFlow分析大量来自NASA的数据，发现了新的行星。

②医学研究人员使用TensorFlow评估病人患心血管疾病的风险。

③空中交通指挥中心使用TensorFlow预测飞机的飞行路径，让飞行更安全、着陆更高效。

④工程师使用TensorFlow分析热带雨林的监测数据，用以检测伐木车和其他非法活动。

⑤非洲的科学家使用TensorFlow检测木薯植物的患病情况，帮助农民增加收成。

2022年2月，TensorFlow官方发布了2.8.0正式版，提供了更多的bug修复和功能改进，还针对漏洞发布了补丁。

TensorFlow支持在多种客户端语言下安装和运行，如图1-2所示。

图 1-2　TensorFlow 支持的语言

2. TensorFlow 的应用

深度学习框架让开发人员可以快速开发深度学习应用程序。深度学习应用程序采用的是一种三层的分层架构。如图1-3所示，最底层是框架依赖库，上层是深度学习的框架，最上层为深度学习的应用程序。有了预先实现的神经网络层，深度学习框架允许开发者重点关注应用程序的实现逻辑。

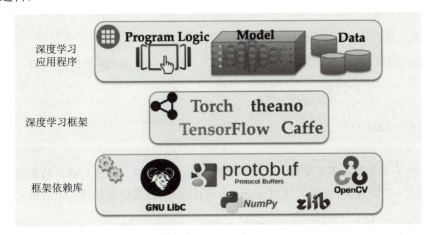

图 1-3 深度学习应用程序的架构

目前，全球有大量的企业已经将 TensorFlow 应用于实际的生产中。

互联网厂商如腾讯、阿里、网易等公司利用 TensorFlow 搭建自己的人工智能训练平台。他们使用 TensorFlow 解决了从计算机视觉到自然语言处理各种不同的业务问题。

在农业领域，国际热带农业研究所（IITA）基于 TensorFlow 开发了一套帮助农民检测及管理虫害的方案，使人民免于虫灾饥荒。

在移动端应用上，Kika（一家提供智能输入法的新兴人工智能公司）通过 TensorFlow Lite 做了一个嵌入式的智能手机输入法，使内存的占用减少近 50%。

3. 张量与变量

（1）张量

张量（tensor）是具有统一类型的多维数组。

TensorFlow 中所有的输入/输出变量都是张量，而不是基本的 int、double 这样的类型，即使是一个整数 1，也必须被包装成一个 0 维的，长度为 1 的张量。一个张量和一个矩阵差不多，可以被看成是一个多维的数组，从最基本的一维到 N 维都可以。

向量是一维的，而矩阵是二维的，对于张量其可以是任何维度的。

①创建张量。使用 tf.constant() 函数创建张量，语法格式如下：

```
tf.constant(value,dtype,shape)
#value 用来指定数据,dtype 用来显式声明数据类型,shape 用来指定数据的形状
```

生成一个两行三列，类型为 int32 的数字 3 的张量，代码如下：

```
import tensorflow as tf
a=tf.constant(3,dtype=tf.int32,shape=(2,3))
# 由于 tensor 中的整型数据默认是 tf.int32 的,dtype 也可以不显式地指定
print((a)
```

输出结果:

```
tf.Tensor(
[[3 3 3]
[3 3 3]],shape=(2,3),dtype=int32)
```

Constant()函数的value参数除了可以是数字外,还可以是numpy数组。例如:

```
import numpy as np
b=np.array([1,2,3])
c=tf.constant(b)
print(c)
```

注意: 所有张量都是不可变的,永远无法更新张量的内容,只能创建新的张量。

②创建全0张量与全1张量。使用tf.zeros()与tf.ones()函数进行创建。语法格式如下:

```
tf.zeros(shape,dtype=tf.float32)
tf.ones(shape,dtype=tf.float32)
# 如果要指定维度大于2的张量,可以将行列数以数组的形式传递给 shape
```

生成一个一维两列的全0张量和一个两行三列的全1张量。代码如下:

```
b=tf.zeros(2)
c=tf.ones([2,3])
print("b=",b) print("c=",c)
```

③张量的属性:包括阶(rank)、形状(shape)和数据类型。其中,形状可以理解为长度,例如,一个形状为2的张量就是一个长度为2的一维数组。而阶可以理解为维数,更多示例见表1-1。

表1-1 向量、矩阵、张量举例

阶	数学实例	Python 例子
0	纯量(只有大小)	s=483
1	向量(大小和方向)	v=[1.1,2.2,3.3]
2	矩阵(数据表)	m=[[1,2,3],[4,5,6],[7,8,9]]
3	3阶张量(数据立体)	t=[[[2],[4],[6]],[[8],[10],[12]],[[14],[16],[18]]]

可以直接输出张量的维度(ndim)、形状(shape)、数据类型(dtype)。例如:

```
a=tf.constant(value=2,shape=(2,3),dtype=tf.float32)
print(a.ndim)
print(a.dtype)
print(a.shape)
```

也可以使用TensorFlow的size()、rank()、shape()函数来得到张量的长度、维度、形状。例如:

```
print(tf.size(a))
print(tf.rank(a))
print(tf.shape(a))
```

（2）变量

变量与张量的定义方式和操作行为都十分相似，实际上，它们都是tf.Tensor支持的一种数据结构。与张量类似，变量也有dtype和shape属性。

使用tf.Variable创建变量。要创建变量，需要提供一个初始值，初始值是常量或者随机值。例如：

```
b=tf.constant([[1.0,2.0],[3.0,4.0]])
a=tf.Variable(b)
print("shape:",a.shape)
print("dtype:", a.dtype)
print("as numpy:", a.numpy)
```

在TensorFlow中，变量的声明函数tf.Variable()是一个运算。这个运算的输出结果就是一个张量。

在训练模型过程中，可以用变量来存储和更新参数。

4. 线性回归算法

（1）机器学习背景知识

机器学习是实现人工智能的一种途径，它是让计算机通过一定的算法去分析数据中存在的规律，不断提升对新数据预测性能的过程。换一种说法机器学习用于研究计算机如何模拟或实现人类的学习行为。

如表1-2所示，假设学生的专业课和选修课成绩都会影响他们最终能否获得奖学金，表中是往年部分学生获奖情况。那么，可以根据已知学生的获奖记录（即数据集），并且以某一种算法为指导，去学习数据中存在的规律，找到获奖结果与成绩之间的关系。可以将这种关系以模型权重的方式存储下来，进而使用模型对未知结果的学生进行预测。这里的权重表示专业课和选修课对结果的影响程度是不同的。

表1-2 机器学习问题举例

学生	专业课A	专业课B	选修课C	能否获得奖学金
小张	90	80	92	能
小李	81	76	99	不能
小王	83	95	60	能

机器学习中的算法有很多，可以根据算法的功能将算法分为分类算法、回归算法、聚类算法。

①分类算法：通过有标记（通常是离散型数值的随机变量）的样本训练出一个分类模型（分类器），该模型能把训练样本以外的新样本映射到给定类别中的某一个类中。

②回归算法：通过拟合有标记（通常是连续型数值的随机变量）的样本分布得到一条直线或者超平面，从而对训练样本以外的新样本进行预测。

③聚类算法：预先不知道样本集所有样本的类别，通过一定方法使得相似的样本划分为一个簇，不同簇的质心尽可能得远。

（2）回归任务

回归是机器学习中的一个基本问题。回归任务即使用回归算法拟合因变量与自变量之间的关系，然后对未知的自变量进行预测输出因变量的值。回归任务的典型特点就是输出值为连续型数值。

例如，根据人的身高、年龄去预测人的体重，这就是一个回归任务。机器学习中线性回归算法是解决回归任务的算法之一。深度学习是实现机器学习的一种方法，使用神经网络模型也可以解决回归任务。

回归包括线性回归与非线性回归，如图1-4所示。

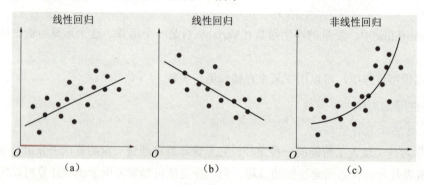

图1-4　线性回归与非线性回归

如图1-5所示，横轴表示房屋面积，纵轴表示房价，图中散点是部分抽样的数据。从散点分布上看，自变量房屋面积与房价之间存在着一定的线性关系，所以可以大致画出一条直线表示它们之间的关系。这样图中这条直线就基本上拟合它们的分布。那么，用什么来表示这条直线呢？

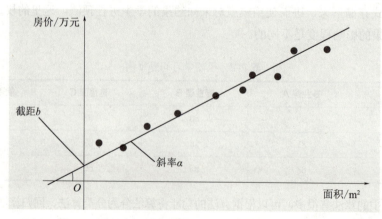

图1-5　房价与房屋面积的线性关系

在实际问题中，如果所含两个变量之间的依存关系是线性的，则可通过构建一次函数来解决。

形如 $y = ax + b$ 的一元一次函数，直线与 x 轴夹角的正切就是斜率 a，直线与 y 轴的交点就是截距 b。

把上面一元函数中的参数代号变换一下，即把 a 变成 w，那么函数形式就变成了 $y = wx + b$，这就成了机器学习中一元线性回归模型的表述，这里的 w 称为权重，b 称为偏置。

假设在二维空间中，共有 m 个样本：{ (x^1, y^1), (x^2, y^2), …, (x^m, y^m) }，其中 $x^i, y^i \in \mathbf{R}$，每个样本含有 1 个特征。一元线性回归模型就是通过拟合一条直线（直线方程 $y = wx + b$）来建立自变量和因变量之间的关系。所以，线性回归的目的就是要通过学习找到这样一条直线，准确地说是找到最合适的 w 和 b，进而能够对未知的数据进行准确预测。

下面把这个问题抽象成一个能求解的数学问题，多元线性回归模型可以用如下公式来表示，其中每一个样本 x 有 n 个特征，每个特征对应一个权重系数，y_i^{hat} 表示使用当前模型的权重对第 i 个样本的预测结果，非真实的目标值。

$$y_i^{\text{hat}} = w_n x_n^i + w_{n-1} x_{n-1}^i + \cdots + w_2 x_2^i + w_1 x_1^i + b$$

接下来是训练过程。线性回归算法需要根据已知的样本数据集，不断调整权重，朝着使模型预测越来越准确的方向去调整。这里要了解一个概念，即损失，是指当前模型对样本的预测值和真实值的差距。若损失很小，表明模型与数据真实分布很接近，则模型性能良好；若损失很大，表明模型与数据真实分布差别较大，则模型性能不佳。简单来说，主要任务就是寻找损失最小化对应的模型参数。

定义损失有多种方式，在回归问题中，最常用的损失函数是均方误差，就是所有样本预测值和真实值之间差值的平方和的平均值，具体见下面的公式：

$$\text{MSE} = \frac{\sum_{i=1}^{m}(y_i - y_i^{\text{hat}})^2}{n}$$

其中，m 表示样本总数，y_i 表示样本真实值，y_i^{hat} 表示样本预测值。

定义了线性回归的公式，确定了损失的计算方式后，剩下的事情就是通过数学推导得到参数更新的公式，然后通过计算机程序基于已知的数据集来执行迭代过程，找到最优参数，这就是模型训练或学习的过程。

一开始的模型，对应了初始的一套参数，基于这套参数的预测结果可能与真实数值差距很大；当它经过一轮又一轮的对数据的学习后，逐渐调整参数，使得预测的结果与真实越来越接近。

任务一　使用 TensorFlow 实现四则运算

为了快速上手 TensorFlow 的使用，通过学习本任务将完成一个基本的算术运算，熟悉 TensorFlow 的调用，以及 TensorFlow 框架中算术运算函数的调用，同时增强对张量这个概念的理解。

步骤 1：导入相关包

本任务主要练习使用 TensorFlow 进行张量运算，在使用之前需要先导入这个包。为了简化输入，可以使用 Python 中的 as 语法来导入 TensorFlow：

```
import tensorflow as tf
```

步骤2：定义两个常量

通过tf.constant分别定义两个常量张量a和b，这两个张量的形状都是一行两列（1×2）。代码如下：

```
a=tf.constant([11,3])
b=tf.constant([22,6])
```

步骤3：实现加法运算

加、减、乘、除是最基本的数学运算，可分别通过tf.add ()、tf.subtract ()、tf.multiply()、tf.divide() 函数实现。

本步骤使用tf.add()函数实现张量的加法运算。函数原型如下：

```
add(x,y,name=None)
```

其中参数x和y分别是一个任意数值类型的张量，但条件是x和y必须类型相同；参数name表示操作的名称，可以给当前这个加法操作起个名字，但不是必需的。该函数将返回一个张量，该张量的数值类型与输入的x和y相同。例如：

```
print(tf.add(a,b)
```

输出结果：

```
tf.Tensor([33 9],shape=(2,),dtype=int32)
```

步骤4：实现减法运算

本步骤使用tf.subtract()实现张量的减法运算。函数原型如下：

```
subtract(x,y,name=None)
```

其中参数x和y分别是一个任意数值类型的张量，但条件是x和y必须类型相同；参数name表示操作的名称，可以给当前这个减法操作起个名字，但不是必需的。该函数将返回一个张量，该张量的数值类型与输入的x和y相同。例如：

```
print(tf.subtract(a,b))
```

输出结果：

```
tf.Tensor([-11 -3],shape=(2,),dtype=int32)
```

步骤5：实现乘法运算

本步骤使用tf.multiply()实现张量的乘法运算。函数原型如下：

```
multiply(x,y,name=None)
```

其中参数x和y分别是一个任意数值类型的张量，但条件是x和y必须类型相同；参数name表示操作的名称，可以给当前这个乘法操作起个名字，但不是必需的。该函数将返回一个张量，该张量的数值类型与输入的x和y相同。例如：

```
print(tf.multiply(a,b))
```
输出结果：
```
tf.Tensor([242 18],shape=(2,),dtype=int32)
```

步骤6：实现除法运算

本步骤使用tf.divide()函数实现张量的除法运算。函数原型如下：

```
divide(x,y,name=None)
```

其中参数x和y分别是一个任意数值类型的张量，但条件是x和y必须类型相同；参数name表示操作的名称，可以给当前这个除法操作起个名字，但不是必需的。该函数将返回一个张量，该张量的数值类型与输入的x和y相同。例如：

```
print(tf.divide(a,b))
```

输出结果：
```
tf.Tensor([0.5 0.5],shape=(2,),dtype=float64)
```

任务二 使用 TensorFlow 实现一元线性函数计算

本任务主要实现一元线性函数$y=wx+b$的计算，将具体的张量带入公式进行计算，一方面回顾矩阵乘法与矩阵转置，另一方面熟悉TensorFlow中矩阵运算相关的操作。

步骤1：导入相关包

导入的方法如下：

```
import tensorflow as tf
```

步骤2：创建三个张量

通过tf.constant分别定义三个常量张量，分别对应一元线性函数$y = wx + b$中的w、x、b。例如：

```
w=tf.constant(value=2.,shape=(1,2))    #声明w为tf的一个1×2的张量
x=tf.constant(value=3.,shape=(1,2))    #声明x为tf的一个1×2的张量
b=tf.constant(2.0)
w,x,b
```

输出：
```
(<tf.Tensor: shape=(1,2),dtype=float32,numpy=array([[2.,2.]],dtype=float32)>,
 <tf.Tensor: shape=(1,2),dtype=float32,numpy=array([[3.,3.]],dtype=float32)>,
 <tf.Tensor: shape=(),dtype=float32,numpy=2.0>)
```

步骤3：进行一元线性计算

本步骤要执行乘法操作和加法操作。

矩阵相乘的前提条件：只有当左边矩阵的列数等于右边矩阵的行数时，它们才可以相乘。因为w和x都是形状为1×2的，所以在将w和x相乘之前，需要对x进行转置，得到一个2×1

的张量。因此，转置操作要用tf.transpose来实现。例如：

```
y_=tf.matmul(w,tf.transpose(x))      # 运算 w×x
y=tf.add(y_,b)                        # 运算 w×x+b
print(y)
```

输出：

```
tf.Tensor([[14.]],shape=(1,1),dtype=float32)
```

任务三　使用 TensorFlow 搭建线性回归模型

本任务主要分为五个步骤：步骤1导入所需要的Python库；步骤2建立一个用于训练回归模型的数据集（输入数据和输出数据）；步骤3进行模型参数的初始化；步骤4进行模型的训练过程，学习找到最佳的模型参数；步骤5使用模型学习得到的参数画出线性回归线（$y = wx + b$）。

步骤1：导入相关包

完成本任务需要两个Python包TensorFlow和matplotlib，前者用来进行模型的逻辑运算，后者用于将数据以及回归结果可视化，绘制最终的回归线。导入包的语法格式如下：

```
import tensorflow as tf
import matplotlib.pyplot as plt
```

步骤2：建立数据集

随机生成一批数据集，数据量为100，每个样本包含一个输入x和一个输出y，并且符合线性分布。另外，通过matplotlib画出数据集的散点图。例如：

```
TRUE_W=3.0
TRUE_b=2.0
NUM_SAMPLES=100
# 初始化随机数据
x=tf.random.normal(shape=[NUM_SAMPLES,1]).numpy()
noise=tf.random.normal(shape=[NUM_SAMPLES,1]).numpy()
y=x*TRUE_w+TRUE_b+noise      # 添加噪声
plt.scatter(x,y)
```

输出结果如图1-6所示。

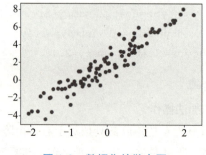

图1-6　数据集的散点图

步骤3：参数初始化

一方面要配置模型训练的参数，如迭代次数epochs、学习率learning_rate。

另一方面对模型本身的变量系数进行初始化，即w、b。通常使用tf.random.uniform()函数进行初始化。

函数原型：

```
tf.random.uniform(shape,minval=0,maxval=None,dtype=tf.dtypes.float32,seed=None,name=None)
```

函数参数如下：

① shape：形式为一维整数张量或Python数组，用来指定输出张量的形状。
② minval：生成的随机值范围的下限，默认为0。
③ maxval：生成的随机值范围的上限，如果dtype是浮点型，则默认为1。
④ dtype：输出数值的类型float16、float32、float64、int32、orint64。
⑤ seed：一个Python整数，用于为分布创建一个随机种子。
⑥ name：操作的名称（可选）。

初始化代码如下：

```
EPOCHS=10                # 全部数据迭代10次
LEARNING_RATE=0.1        # 学习率
W=tf.Variable(tf.random.uniform([1]))
b=tf.Variable(tf.random.uniform([1]))
```

步骤4：训练线性回归模型

线性回归模型的训练过程就是对数据不断迭代，找到一个合适的、最优的模型参数w、b。w和b在迭代过程中不断朝着好的方向去更新。所谓好的方向，就是定义的"损失"变小的方向。在回归模型中，损失的定义有很多种，比较常用的就是均方误差（计算所有样本预测值与真实值的误差平方，再取平均值，具体见代码中tf.reduce_mean和tf.square的应用）。

在进行梯度或者模型参数更新时，需要用到一个函数tf.assign_sub，在TensorFlow1.x版本中的函数原型如下：

```
tf.assign_sub(ref,value,use_locking=None,name=None)
```

功能：变量ref减去value值，即ref=ref-value。

在TensorFlow2.x版本中，可以通过tf.Variable即变量对应的可调用方法来使用tf.assign_sub、ref.tf.assign_sub（value），也就是以下代码中的使用方式。

```
for epoch in range(EPOCHS):                          # 迭代次数
    with tf.GradientTape()as tape:                   # 追踪梯度
        y_=w*x+b
        loss=tf.reduce_mean(tf.square(y_-y))         # 计算损失
    dW,db=tape.gradient(loss,[W,b])                  # 计算梯度
```

```
       W.assign_sub(LEARNING_RATE*dW)        #更新梯度
       b.assign_sub(LEARNING_RATE*db)
```

步骤5：绘制回归线

在迭代了10次之后，得到了对应的w和b，然后基于w和b可以预测每个样本对应的输出，从而可以画出一条直线。从结果可以看到，这条直线基本拟合原始样本的分布趋势。例如：

```
plt.scatter(x,y)
plt.plot(x,w*x+b,c='r')
```

输出结果如图1-7所示。

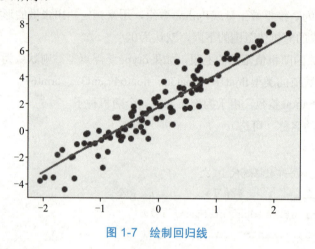

图1-7 绘制回归线

测 验

1. 深度学习与机器学习算法之间的区别在于，后者过程中无须进行特征提取工作，也就是说，建议在进行深度学习过程之前要首先完成特征提取工作。这种说法是（　　）的。

    A. 正确

    B. 错误

2. 采用（　　）调用 Tensorflow 包。

    A. import tensorflow

    B. import tensorflow as tf

    C. import tf

    D. import tf as tensorflow

3. 张量是不可变的，这个说法是（　　）的。

    A. 正确

    B. 错误

4. 如果说"线性回归"模型完美地拟合了训练样本（训练样本误差为零），则下面（　　）说法是正确的。

A. 测试样本误差始终为零

B. 测试样本误差不可能为零

C. 测试样本误差可能不为零

D. 以上都不对

5. 定义一个常量 x（[1，2，3]），实现它的自然指数运算（自然指数 e 的 x 次方）。

📝 **笔记栏**

 **项目总结**

根据项目要求完成所有任务,填写任务分配表和任务报告表。

任务分配表

班级		组号		指导老师	
组长		学号		成员数量	
组长任务					
组员姓名	学号		任务分工		

任务报告表

学生姓名		学号		班级		
实施地点		实施日期		20_____年 _____月 _____日		
任务类型	□演示性	□验证性	综合性	□设计研究	□其他	
任务名称						

一、任务中涉及的知识点

二、任务实施环境

三、实施报告(包括实施内容、实施过程、实施结果、所遇到的问题、采用的解决方法、心得反思等)

小组互评	
教师评价	日期

项目二

搭建人工神经网络

项目概述

前面已经介绍了什么是深度学习,以及实现深度学习算法的工具——TensorFlow。从本项目开始将逐步学习典型的神经网络模型及其应用。本项目介绍的是最简单的神经网络——全连接神经网络(full connected neural network,FCNN)。项目包含四个任务:通过任务一搭建一个全连接神经网络;通过任务二加载经典 Mnist 数据集;通过任务三使用全连接神经网络实现手写数字识别;通过任务四构建的图像数据集实现手势识别,进一步巩固全连接神经网络的应用。

项目目标

知识目标:
- 了解生物神经元、人工神经元。
- 熟悉全连接神经网络的基本原理。

技能目标:
- 能够基于 TensorFlow.keras 搭建全连接神经网络。
- 能够熟练完成模型的训练与预测。

素质目标:
- 具备良好的职业道德。
- 具备追求创新的精神。

知识链接

1. 人工神经网络

下面先看一个故事:传说有个火柴国,每个火柴都能发言,都盼望世界更美好……

如图 2-1 所示,火柴国里的每个国民,都能对国家大事提出建议并决策。由于国民众多,为了提高行政效率,决定采用逐级上传的模式:每个村民将建议给村长,每个村长将村民的建议进行整合传给镇长,镇长在将建议整合传给市长……最后,通过层层整合处理,国民的建议来到了国王这里。

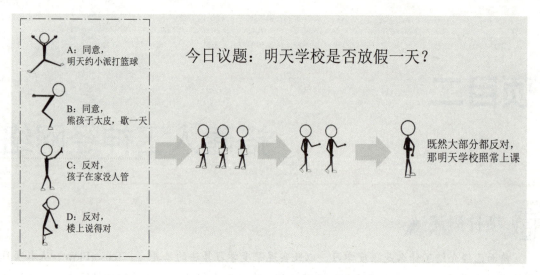

图 2-1 火柴国逐级上传模式

神经网络模型也是如此,如图 2-2 所示,将村民提出的建议称为特征,提供建议的村民,就是输入层,中间整合传递建议的各层领导就是隐藏层,最后公布结果的国王就是输出层。

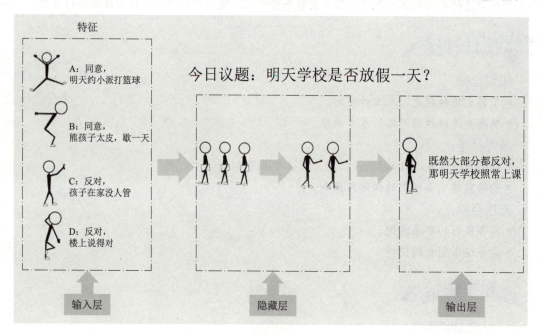

图 2-2 火柴国与神经网络

另外,这里的每个火柴人都表示神经网络模型里的一个神经元。

人工神经网络(ANN)是模拟人脑思维方式的数学模型,从微观结构和功能上对人脑进行抽象和简化,模拟人类智能。人工神经网络是由大量的、功能比较简单的神经元互相连接而构成的复杂网络系统。

如图 2-3 所示,人类的大脑主要由称为神经元的神经细胞组成,神经元通过称为轴突的纤维丝连在一起。当神经元受到刺激时，神经脉冲通过轴突从一个神经元传到另一个神经元。一个神经元通过树突连接到其他神经元的轴突。树突和轴突的连接点称为神经键。神经学家发现，人的大脑通过在同一个脉冲反复刺激下改变神经元之间的神经键连接强度来进行学习。图2-3中，$a_1^{(2)}$、$a_2^{(2)}$、$a_3^{(2)}$表示隐藏层的参数，$h_{w,b}(x)$表示神经网络输出层的结果。

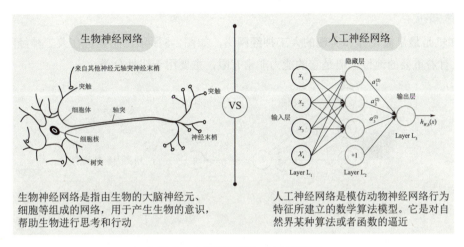

图 2-3　生物神经元与人工神经元

我们不可能对生物学上的神经网络做到完全了解，只可能在某种程度上描述所了解的情况。同样，人工神经网络也只是在某种程度上对真实的神经网络的模拟。

在图2-4中，以判断学生"深度学习入门"成绩是否及格为例，课程总成绩由平时成绩、期中成绩、期末成绩以及额外加分组成，并且，平时成绩占总成绩的40%，期中成绩占总成绩的10%，期末成绩占总成绩的50%，额外加分是由于老师认为同学们上课表现很好，给全班同学的成绩都加了2分。

现在可以将一位同学的成绩（$x_1 = 90$，$x_2 = 60$，$x_3 = 50$）代入，观察神经元的计算过程和判断结果。

$$z = 90 \times 0.4 + 60 \times 0.1 + 50 \times 0.5 + 2 = 69$$

得到总成绩为69，比60分高，所以输出结果为及格。

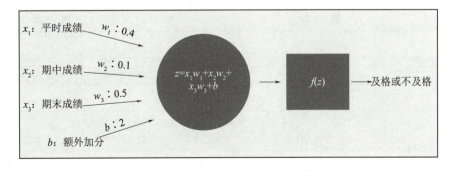

图 2-4　人工神经元计算过程示意图

以上就是人工神经元的简单计算过程。将这些平时成绩、期中成绩和期末成绩称为特征，

通常用 $x_1, x_2, …, x_n$ 表示；将平时成绩、期中成绩以及期末成绩在总成绩的占比称为权重，通常用 $w_1, w_2, …, w_n$ 表示；将老师给全班同学的额外加分称为偏执，通常用 b 表示；将判断总成绩是否及格的函数称为激活函数，通常用 $f()$ 表示。另外，权重和偏执是神经网络模型的参数，项目三将介绍如何调整这些参数，以便使网络模型的效果更好。

2. 感知机

感知机是最早被设计和实现的人工神经网络，如图 2-5 所示。感知机在人工神经网络的发展历史上有着重要的地位，但是它的能力非常有限，主要用于线性分类。

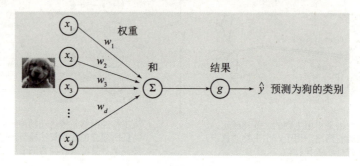

图 2-5 感知机实现分类

假设有 d 个输入，每个输入 x 都乘以一个权重系数 w，然后再相加。当结果 g 大于某个临界值时，则输出结果 $\hat{y}$ 为 1，否则输出 -1。一般来说，$\hat{y}$ 为 1 表示正，$\hat{y}$ 为 -1 表示为负。

输入节点简单地把接收到的值传送给输出链，而不做任何变换；输出节点则是一个数学装置，计算输入的加权和，并减去偏置项，最后根据结果的符号产生输出。该感知机模型的输出也可以用图 2-5 中所示的符号函数（sign function，当参数为正时输出为 +1，参数为负时输出为 -1）来表示。符号函数也就是输出神经元的激活函数，通过这种简单的数学模型，就能模拟出神经元的基本激活和抑制状态，这样就促进了人工神经网络的研究。但是，感知机存在致命缺点：在 1969 年感知机被证明无法解决异或问题；只能解决线性可分问题。

进行异或运算时，两个特征值相同则异或结果为 0，不同则为 1，异或运算见表 2-1。

表 2-1 异或运算

输 入		输 出
x_1	x_2	y
0	0	0
0	1	1
1	0	1
1	1	0

将异或运算在二维坐标系中展示，如图 2-6 所示，输出结果为 1 的是一类（十字形处），输出结果为 0 的是另一类（圆点处）。对于这种情况无法找到一条直线将两类样本分开。

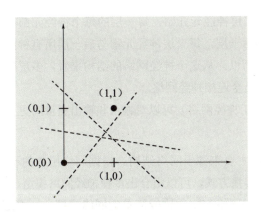

图 2-6　异或运算

感知机连简单的异或问题都不能解决,就导致了感知机的作用被否定,也引发了人工神经网络研究的第一次衰落。

单层感知机的特点是只有两层神经元,输入层有多个输入(神经元),输出一般只有一个神经元,结构如图2-7所示。

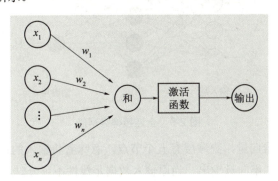

图 2-7　单层感知机结构

如果在这个结构中多加入若干层这样的神经元,类似于多个单层感知机的叠加,这就是多层感知机。如图2-8所示,由于输入层不涉及计算,图中的多层感知机的层数为3。最左边的四个神经元为输入层,最右边三个神经元为输出层,中间两层为隐藏层。

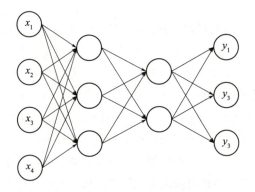

图 2-8　多层感知机

由图 2-8 发现，从第二层神经元开始，每一层的每个神经元都与前一层的所有神经元相连接；从第一层开始，除最后一层，每一层神经元都与后一层所有神经元之间相连接，并且同一层内的神经元互不相连。所以，从这个神经网络的结构来看，多层感知机中的隐藏层和输出层都是全连接层，可以称作是全连接神经网络。

多层感知机（多层人工神经网络）可以对输入和输出变量间更复杂的关系进行建模。

3. 全连接神经网络

神经网络的学习能力主要来源于网络结构。根据网络层数的不同、每层神经元数量的多少，以及信息在层之间的传播方式，可以组合出多种神经网络模型。

图 2-9 所示为人工神经网络家族中比较简单的网络模型——全连接神经网络，左边输入，中间计算，右边输出。该网络模型中的每个节点和下一层所有节点都有连接，这就是"全连接"的含义。图中的中间层是隐藏层，隐藏层可以有一个或多个。

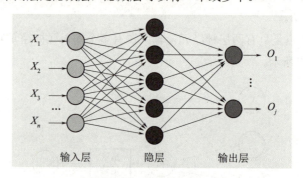

图 2-9 全连接神经网络

输入数据是一个 n 维向量，隐藏层有五个节点，意味着将输入的 n 维向量映射为一个五维向量，最后再变为一个二维向量输出。当原输入数据是线性不可分时，全连接神经网络是通过激活函数产生出非线性输出。常见的激活函数有 Sigmoid()、Tanh()、Relu() 等，在项目三的课程中将会详细讲解不同激活函数的使用。

全连接神经网络训练分为前向传播、后向传播两个过程，前向传播数据沿输入到输出后计算损失函数值，后向传播则是一个优化过程，利用梯度下降法减小前向传播产生的损失函数值，从而更新参数。

下面通过识别鸢尾花种类的样例了解神经网络的工作流程。通过鸢尾花的花萼长、宽以及花瓣的长、宽这四个特征将鸢尾花分成三种类别：狗尾草鸢尾、杂色鸢尾、弗吉尼亚鸢尾。首先，需要认识数据集（data set），总共有 150 组数据，每组包含花萼长、花萼宽、花瓣长、花瓣宽四个特征以及这四个特征对应的鸢尾花类别，称为标签。现在把 150 组数据进行划分，一份有 100 组数据，称为训练集（training set），另一份有 50 组数据，称为测试集（test set）。其目的是要让神经网络能够根据四个特征识别鸢尾花的种类。神经网络就是对生物神经网络的一种模仿，如果人类要根据四个特征识别花的种类，一开始需要不断地去学习，能够知道哪些组的特征对应的是第一类，哪些组的特征对应的是第二类，依此类推，在大脑中有了一定的知识存储后，如果再遇到一组新的数据，就可以预测花的种类。同理，神经网络的工作原理也是如此，一开始,将训练集输入神经网络中进行训练,让神经网络学习,从而让它具有预测的能力,接着使用测试集,将测试集中每组特征依次输入神经网络模型中,让模型进行预测。由神经网络模型预测得到的值,称为预测值,而测试集中每组特征对应的类别标签,称为真实值,将预测值和真实值做比较,就可以知道这个神经网络识别预测得是否正确,性能是否良好。

全连接神经网络模型可以实现很多功能,例如,可以实现手写数字识别、服饰分类等功能,但是由于在解决实际问题过程中,输入全连接神经网络模型中的特征数据很多,这导致模型的参数过多,会让神经网络的性能下降,因此只有全连接网络是远远不够的。在项目三、项目四的学习中,还会学习卷积神经网络、循环神经网络等更复杂的神经网络模型。

4. 前向与反向传播

(1) 梯度下降

在讨论梯度下降之前先回顾几个数学概念。

①导数:一元函数的情况下,导数就是函数的变化率。在一元函数中 A 点的导数是 A 点切线斜率,如图2-10所示。

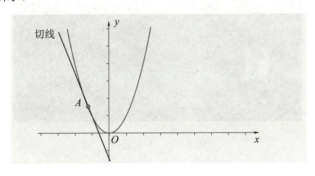

图 2-10 导数示意图

②方向导数:多元函数中以二元函数为例,$f(x, y)$ 在 A 点的切线,可见有无数条不同方向的切线。

方向导数就是一个函数沿指定方向的导数或变化率,如图2-11所示。

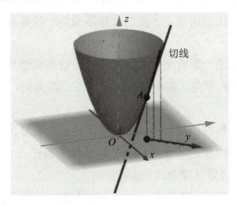

图 2-11 方向导数示意图

③梯度:方向导数是函数在各个方向的斜率,而梯度是斜率最大的那个方向,就是函数值

增加最快的方向。

计算方式：一个函数对于其自变量分别求偏导数，这些偏导数所组成的向量就是函数的梯度。梯度是一个向量。

在项目一中了解了线性回归模型以及模型训练，模型训练的目标就是想要使模型或者假设函数对真实数据的拟合程度更高，更接近数据的真实分布，也就是通过让模型对所有样本的预测值与真实值的误差平方和最小的方法来更新参数。如果进一步考虑，以损失函数为目标进行迭代优化时，按照哪个方向迭代求解误差的收敛速度是最快的呢？答案是沿着梯度的方向，而梯度下降法是一种具体求解的优化方法。

假设有图2-12所示的场景：小派同学今天去爬山，到达山的某处他接到导师电话需要立刻回去。此时他从山的某处开始下山，想要尽快到达山底。

图 2-12　下山场景

思考：

①上述下山场景的核心问题是什么？

能到达山底；速度要快。

②在下山之前需要确认哪两件事？

下山的方向；下山的距离。

设想小派此时站在一座山的山顶，小派的目标是找到一条路径，沿着这条路径下山，最终到达最低点。

因为小派处于山顶，无法一眼看到山脚的最低点。但是知道从任何一个点出发，可以观察周围地面的斜率来判断下山的方向。斜率的方向指向下山的方向，斜率的大小表示下山的陡峭程度。

在梯度下降法中，将函数的梯度视为斜率，梯度是一个向量，指向函数在当前点上升最快的方向。我们希望通过沿着梯度的反方向移动，逐步接近最低点，这就好比小派在山顶站着，观察地势，根据斜率的指示决定往哪个方向走。

开始时，小派可能随机选择一个方向，朝着该方向走一小步，然后在新的位置重新观察地势，计算新的梯度，再次选择梯度方向的反方向朝下走一小步，通过反复迭代这个过程，小派会逐渐接近山脚下的最低点。

在梯度下降法中,步长的大小称为学习率。学习率决定了每次迭代时小派朝梯度反方向走的距离有多长。选择合适的学习率很重要,如果学习率过小,小派会走得太慢,需要更多的迭代才能到达最低点;如果学习率过大,小派可能会错过最低点,甚至可能在山谷中来回震荡。

梯度下降过程如下:

输入:损失函数$J(\Phi)$,每一步的迭代步长即学习率α,计算精度ε。

输出:损失函数的极小值点Φ^*。

①给定待优化连续可微函数$J(\Phi)$、学习率α以及一组初始值 $\theta_0 = (\theta_{01}, \theta_{02}, \theta_{03}, ..., \theta_{0L})$,$\theta_0$是一个向量。

②计算待优化函数的梯度:$\nabla J(\Phi_0)$。

③更新迭代公式:$\Phi_1 = \Phi_0 - \alpha \times \nabla J(\Phi_0)$。

④计算损失函数在Φ_1处的梯度:$\nabla J(\Phi_1)$。

⑤计算梯度向量的模,判断算法是否收敛:$\| \nabla J(\Phi_1) \|$。

⑥若收敛,则算法停止;否则返回步骤③继续迭代。

学习率也称为迭代的步长,在选择每次下降的距离时,如果过大,则有可能偏离最陡峭的方向,甚至跨过最低点而不自知,一直无法到达山底;如果距离过小,则需要频繁寻找最陡峭的方向,会非常耗时。因此,需要找到最佳的学习率,在不偏离方向的同时耗时最短,如图2-13所示。

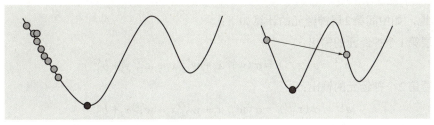

(a)非常小的学习率需要走很多步　　(b)太大的学习率可能会错过最低点

图2-13 学习率变化

下面是一个单变量函数的梯度下降求解过程示例:

①假设有一个单变量的函数:$J(\theta) = \theta^2$。

②直接求导,可以得到该函数的微分:$\nabla J(\theta) = 2\theta$。

③需要初始化,可随意设置,这里设为1,即$\theta_0 = 1$。

④学习率也可随意设置,这里设为0.4。

⑤根据梯度下降的计算公式:$\theta_1 = \theta_0 - \alpha \nabla J(\theta_0)$。

⑥开始进行迭代计算过程:

$\theta_0 = 1$

$\theta_1 = \theta_0 - \alpha \nabla J(\theta_0) = \theta_0 - \alpha \times 2\theta_0 = 1 - 0.4 \times (2 \times 1) = 0.2$

$\theta_2 = \theta_1 - \alpha \nabla J(\theta_1) = \theta_1 - \alpha \times 2\theta_1 = 0.2 - 0.4 \times (2 \times 0.2) = 0.04$

$\theta_3 = \theta_2 - \alpha \nabla J(\theta_2) = \theta_2 - \alpha \times 2\theta_2 = 0.04 - 0.4 \times (2 \times 0.04) = 0.008$

$\theta_4 = \theta_3 - \alpha \nabla J(\theta_3) = \theta_3 - \alpha \times 2\theta_3 = 0.008 - 0.4 \times (2 \times 0.008) = 0.0016$

（2）前向传播

图2-14所示为全连接神经网络。

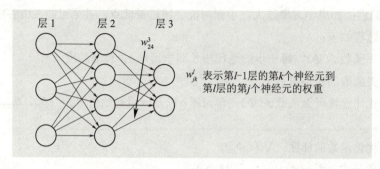

图2-14 全连接神经网络

前向传播算法就是将上一层的输出作为下一层的输入，并计算下一层的输出，一直运算到输出层为止。

具体的输出其实就是对输入的加权求和，再做非线性映射：

$$z = \sum w_i x_i + b$$

再经过一个非线性激活函数 $\sigma(z)$。其中，w_i 和 b 分别表示每个神经元的权重（weights）和偏置（biats），w_i 和 b 均为矩阵类型的数据。

具体地，如中间第2层神经元的计算如下：

第2层第1个神经元的输出：

$$a_1^{(2)} = \sigma(z_1^{(2)}) = \sigma(w_{11}^{(2)} x_1 + w_{12}^{(2)} x_2 + w_{13}^{(2)} x_3 + b_1^{(2)})$$

第2层第2个神经元的输出：

$$a_2^{(2)} = \sigma(z_2^{(2)}) = \sigma(w_{21}^{(2)} x_1 + w_{22}^{(2)} x_2 + w_{23}^{(2)} x_3 + b_2^{(2)})$$

第2层第3个神经元的输出：

$$a_3^{(2)} = \sigma(z_3^{(2)}) = \sigma(w_{31}^{(2)} x_1 + w_{32}^{(2)} x_2 + w_{33}^{(2)} x_3 + b_3^{(2)})$$

下面是一段简短的实现前向传播过程的代码。输入 x 是一个 1×4 的张量，已知当前的权重参数和偏置，基于当前的输入、权重和偏置，计算经过前向传播计算的结果。最后通过 tf.nn.softmax 作为激活函数得到一个概率分布，一般可作为进一步分类的依据。

```
import tensorflow as tf
# 定义输入 x
x1=tf.constant([[5.8, 4.0,1.2, 0.2]])
# 定义权重参数 w
w1=tf.constant([[-0.8,-0.34, -1.4],[0.6, 1.3,0.25],[0.5, 1.45,0.9], [0.65,0.7, -1.2]])
# 定义偏置 b
b1=tf.constant([2.52,-3.1, 5.62])
# 前向传播计算 y
y=tf.matmul(x1,w1)+b1
print("y:", y.numpy)
```

```
# 使用softmax将得分转化为离散概率密度分布函数
y_pro=tf.nn.softmax(y)
# 使y_dim符合概率分布,输出为概率值
print("y_pro:",y_pro)
# 结果:y_pro:tf.Tensor([[0.2563381 0.69540703 0.04825491]],shape=(1,3),dtype=float32)
# 输入数据x属于第0类的概率为0.26,属于第1类的概率为0.70,属于第2类的概率为0.05。所以,
# 输出数据x应该属于第1类
```

（3）反向传播

反向传播（back propagation, BP）算法是"误差反向传播"的简称。允许来自代价函数的信息通过网络向后流动，以便计算梯度。

实际上，反向传播仅指用于计算梯度的方法。而梯度下降法，则是使用该梯度来进行学习。

当通过前向传播得到由任意一组随机参数 w 和 b 计算出的网络预测结果后，就可以利用损失函数相对于每个参数的梯度来对它们进行修正。事实上神经网络的训练就是这样一个不停的前向-反向传播的过程，直到网络的预测能力达到预期。公式：

$$w_{t-1} = w_t - l_r \cdot \frac{\partial J(\Phi)}{\partial w_t}$$

其中：w_t 为经过 t 次迭代的权重矩阵；l_r 为学习率，也就是每次更新的力度；$J(\Phi)$ 为损失函数；∂ 为偏导运算符。

简单理解如下：

如果当前损失函数值距离预期值较远，则通过调整权重 w 或偏置 b 的值使新的损失函数值更接近预期值（和预期值相差越大，权重 w 或偏置 b 调整的幅度就越大）。一直重复该过程，直到最终的损失函数值在误差范围内，则算法停止。

梯度下降需要每一层都有明确的误差才能更新参数，所以接下来的重点是如何将输出层的误差反向传播给隐藏层。

如图2-15所示，x_1、x_2 开始的实线箭头表示这两个节点的正向传播，点画线箭头表示输出节点 x_5、x_6 的反向传播路径。输出层误差（e_{o1}, e_{o2}）已知，接下来对隐藏层第一个节点 x_3 作误差分析。还是站在节点 x_3 上，不同的是这次是往前看（输出层的方向），可以看到指向 x_3 节点的两个粗箭头是从节点 x_6 和节点 x_5 开始的，因此对于节点 x_3 的误差肯定是和输出层的节点 x_6 和 x_5 有关。

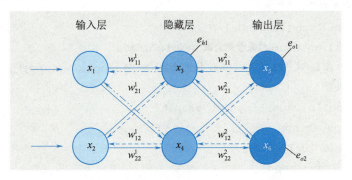

图2-15 反向传播

不难发现，输出层的节点 e 有箭头分别指向了隐藏层的节点 c 和 d，因此对于隐藏节点 e 的误差不能被隐藏节点 c 占为己有，而是要按权重分配，同理节点 f 的误差也需要服从这样的原则，因此对于隐藏层节点 c 的误差为

$$e_{h1} = \frac{w_{11}^2}{w_{11}^2 + w_{21}^2} \cdot e_{01} + \frac{w_{12}^2}{w_{12}^2 + w_{22}^2} \cdot e_{02}$$

同理，对于隐藏层节点 d 的误差为：

$$e_{h2} = \frac{w_{21}^2}{w_{11}^2 + w_{21}^2} \cdot e_{01} + \frac{w_{22}^2}{w_{12}^2 + w_{22}^2} \cdot e_{02}$$

将其转为矩阵相乘的形式如下：

$$\boldsymbol{E}_h = \boldsymbol{W}^{\mathrm{T}} \cdot \boldsymbol{E}_o$$

其中：

$$\boldsymbol{W}^{\mathrm{T}} = \begin{pmatrix} \frac{w_{21}^2}{w_{11}^2 + w_{21}^2} & \frac{w_{22}^2}{w_{12}^2 + w_{22}^2} \end{pmatrix}^{\mathrm{T}}, \boldsymbol{E}_o = (e_{01} \quad e_{02})$$

可以发现，输出层误差在转置权重矩阵的帮助下，传递到了隐藏层，这样就可以利用间接误差来更新与隐藏层相连的权重矩阵。可见，权重矩阵在反向传播的过程中同样起着运输的作用，只不过这次是搬运的输出误差，而不是输入信号。

代码如下：

```
import tensorflow as tf
w=tf.Variable(tf.constant(5,dtype=tf.float32))    #W 的随机初始值为 5
lr=0.3                                             # 学习率初始值
epoch=20                                           # 迭代次数
loss_repo=[]                                       # 记录损失函数数值
# 数据集循环 epoch 次
for epoch in range(epoch):                         # 计算 y(x) 在 x=x_i 时的导数
    with tf.GradientTape()as tape:
        loss=tf.square(w+1)
        loss_repo.append(loss)
    grads=tape.gradient(loss,w)
    # 通过自减应用梯度下降
    w.assign_sub(lr*grads)
    # 使用 assign_sub 对变量做自减 w=w-lr*grads
    print("在 %s 次迭代以后,w=%f, 损失函数 =%f"%(epoch,w.numpy(),loss))
# 可视化损失函数
from matplotlib import pyplot as plt
import numpy as np
x=np.arange(0,20,1)
plt.plot(x,loss_repo)
plt.title(' 模型损失 ')
```

```
plt.xlabel('迭代次数')
plt.ylabel('损失函数数值')
plt.show()
```

输出结果如图 2-16 所示。

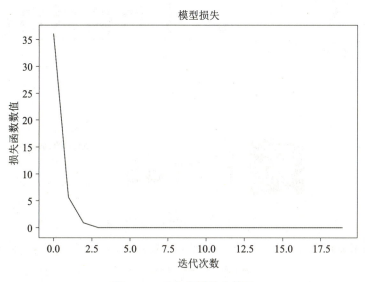

图 2-16　反向传播输出结果

5．认识 TensorFlow.keras 框架

这里先从 TensorFlow 与 Theano 说起。Theano 是最早的深度学习开源框架，但是 Theano 框架从 2017 年开始已经停止更新。Theano 严格来说是一个擅长处理多维数组的 Python 库，十分适合与其他深度学习库结合起来进行数据探索，高效地解决多维数组的计算问题。它设计的初衷是为了执行深度学习中大规模神经网络算法的运算。该框架会对程序进行编译，在 GPU 或 CPU 中高效运行。

Keras 是基于 TensorFlow 和 Theano 的深度学习库，是由纯 Python 编写而成的高层神经网络 API，仅支持 Python 开发。它是为了支持快速实践而对 TensorFlow 或者 Theano 的再次封装，可使用户不用关注过多的底层细节，就能够把想法快速转换为结果。在版本 v1.1.0 之前，Keras 的默认后端都是 Theano。与此同时，Google 发布了 TensorFlow。Keras 开始支持 TensorFlow 作为后端。此后，TensorFlo 逐渐成为最受欢迎的后端，这就使得 TensorFlow 从 Keras v1.1.0 发行版开始成为 Keras 的默认后端。

随着越来越多的 TensorFlow 用户开始使用 Keras 的简易高级 API，越来越多的 TensorFlow 开发人员开始考虑将 Keras 项目纳入 TensorFlow 中作为一个单独模块，并将其命名为 tf.keras。TensorFlow v1.10 是 TensorFlow 第一个在 tf.keras 中包含一个 Keras 分支的版本。

当 Google 在 2019 年 6 月发布 TensorFlow 2.0 时，宣布 Keras 现在是 TensorFlow 的官方高级 API，用于快速简单的模型设计和训练。在 TensorFlow 2.0 发布之后，Keras 和 tf.keras 已经处于同步状态，这意味着尽管 Keras 和 tf.keras 仍是独立的两个项目，但是开发人员已经开始使用 tf.keras。

TensorFlow 与 Keras 的关系及特点如图 2-17 所示。

图 2-17　TensorFlow 与 Keras

如果要基于 tf.keras 搭建一个神经网络模型，需要完成五个基本步骤，具体如图 2-18 所示。

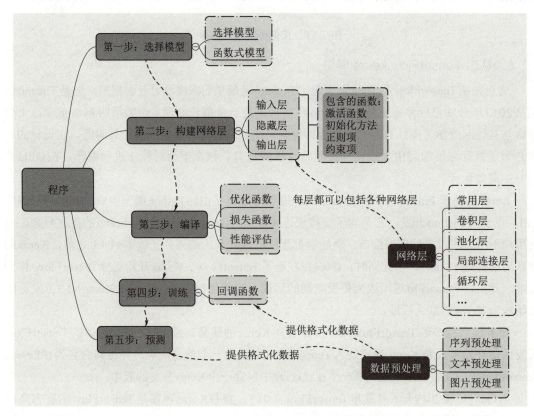

图 2-18　基于 tf.keras 搭建神经网络模型的流程

①选择模型：tf.keras 有两种类型的模型，即顺序模型和函数式模型，顺序模型是多个网络

层的线性堆叠，是函数式模型的简略版。

②构建网络层：tf.keras.layers 中有很多层，如卷积层、池化层、局部连接层、循环层等，可以设置每一层的激活函数、输入/输出数据的维度等。

③编译：在搭建好模型之后开始训练之前，需要做一些配置工作，如优化函数、损失函数、性能评估等。

④训练：模型训练完后，可对模型进行效果评估和对新样本进行预测。

⑤预测：模型训练完成后，可使用predict()方法对模型进行效果评估和样本预测。

在构建网络层（包括不限于Dense层、Conv2D层等）时，想要设置初始化方法，需要指定初始化参数，具体参数名通常为关键字kernel_initializer和bias_initializer。

用法1：传递初始化器的字符串名称'random_uniform'。例如：

```
model.add(Dense(64, kernel_initializer='random_uniform', bias_initializer='zeros'))
```

用法2：传递初始化器的实例，这种方式可以让用户更改初始化器内部的参数，比较自由。例如：

```
model.add(Dense(64, kernel_initializer=keras.initializers.Constant(value=3.0),
    bias_initializer=keras.initializers.RandomNormal(mean=0, stddev=0.05, seed=None))
```

一般来说，kernel_initializer默认值为'glorot_uniform'，对应的实例是keras.initializers.glorot_uniform（seed=None）。bias_initializer默认值为'zeros'，对应的实例是keras.initializers.Zeros()。更多初始化方法见表2-2。

表 2-2 tf.keras 参数初始化方法

初始化方法	参数
正态化的 Glorot 初始化	glorot_normal
标准化的 Glorot 初始化	glorot_uniform
正态化的 he 初始化	he_normal
标准化的 he 初始化	he_uniform
正态化的 lecun 初始化	lecun_normal
标准化的 lecun 初始化	lecun_uniform
截断正态分布	truncated_normal
标准正态分布	random_normal
均匀分布	random_uniform

例如：

```
# ##################### 可用初始化器汇总 #####################
keras.initializers.Initializer()
# 初始化器基类：所有初始化器继承这个类
keras.initializers.Zeros()
```

```python
# 将张量初始值设为 0 的初始化器
keras.initializers.Ones()
# 将张量初始值设为 1 的初始化器
keras.initializers.Constant(value=0)
# 将张量初始值设为一个常数的初始化器。Value:浮点数,生成的张量的值
keras.initializers.RandomNormal(mean=0.0,stddev=0.05,seed=None)
# 按照正态分布生成随机张量的初始化器
keras.initializers.RandomUniform(minval=-0.05,maxval=0.05,seed=None)
# 按照均匀分布生成随机张量的初始化器
keras.initializers.TruncatedNormal(mean=0.0,stddev=0.05,seed=None)
# 按照截尾正态分布生成随机张量的初始化器
keras.initializers.VarianceScaling(scale=1.0,mode='fan_in',distribution='normal',seed=None)     # 初始化器能够根据权值的尺寸调整其规模
keras.initializers.Orthogonal(gain=1.0,seed=None)
# 生成一个随机正交矩阵的初始化器
keras.initializers.Identity(gain=1.0)              # 生成单位矩阵的初始化器
keras.initializers.lecun_uniform(seed=None)        # LeCun 均匀初始化器
keras.initializers.glorot_normal(seed=None)
keras.initializers.glorot_uniform(seed=None)
# Glorot 均匀分布初始化器,也称为 Xavier 均匀分布初始化器
keras.initializers.he_normal(seed=None)            # He 正态分布初始化器
keras.initializers.lecun_normal(seed=None)         # LeCun 正态分布初始化器
keras.initializers.he_uniform(seed=None)           # He 均匀方差缩放初始化器
```

提示: 以上初始化器对应的字符串名称为类名的小写。例如,RandomNormal(mean=0.0,stddev=0.05,seed=None)的字符串名称就是'randomnormal'。

下面是一段示例代码,主要体验在神经网络模型层中对权值参数进行初始化的过程。

```python
import tensorflow as tf
from tensorflow import keras
import numpy as np
from tensorflow.keras.layers import Dense
#kernel_initializer 是内核初始化器
#bias_initializer 是偏置初始化器
# 将权重全部初始化为 0, 将偏置初始化为 1
model=tf.keras.Sequential([Dense(4, input_shape=(5, ), name='dense_xiaopai', kernel_initializer=keras.initializers.Constant(value=2), bias_initializer=keras.initializers.Ones()), ])
                                                    # 查看初始化后的参数
layer=model.get_layer('dense_xiaopai')              # 通过层的名字得到层
(k,b)=layer.get_weights()                           # 查看层的初始化权重值和偏置项
print('k:', k)
```

```
print('b:',b)
```
输出：
```
k:[[2.2.2.2.]
   [2.2.2.2.]
   [2.2.2.2.]
   [2.2.2.2.]
   [2.2.2.2.]]
b:[1.1.1.1.]
```

项目实施

任务一　搭建一个全连接神经网络

步骤1：导入相关包

代码如下：

```
import tensorflow as tf
from tensorflow.keras import layers
```

步骤2：初始化一个顺序模型

顺序模型Sequential，可以看作一个容器，在容器中填充一个神经网络结构，需要描述清楚从输入层到输出层之间每一层的网络。例如：

```
model=tf.keras.models.Sequential()
```

步骤3：向模型中添加神经网络层

这里添加三个全连接层，使用add()方法直接添加。第一个全连接层是输入层，参数input_shape为（10,），输出神经元个数为100；第二个全连接层输出神经元个数为128，激活函数使用'relu'；第三个全连接层的输出神经元个数为10，激活函数为'softmax'。代码如下：

```
model.add(layers.Dense(100,input_shape=(10,),activation='relu'))
model.add(layers.Dense(128,activation='relu'))
model.add(layers.Dense(10,activation='softmax'))
```

步骤4：输出模型结构和参数

输出各层参数的代码如下：

```
model.summary()
```

输出结果如图2-19所示。可以看到最后一列是模型每一层的参数量。第一层：10×100+100=1 100；第二层：100×128+128=12 928；第三层：128×10+10=1 290。

```
Model:"sequential"

Layer（type）              Output Shape            Param #
=================================================================
dense（Dense）             （None,100）             1100

dense_1（Dense）           （None,128）             12928

dense_2（Dense）           （None,10）              1290
=================================================================
Total params:15,318
Trainable params:15,318
Non-trainable params:0
```

图 2-19　输出模型结构和参数

任务二　加载经典 Mnist 数据集

在 tf.keras.datasets 中封装了一些用于机器学习或深度学习的开源数据集。例如：

① boston_housing：波士顿房屋价格回归数据集。

② cifar10：CIFAR10 小图像分类数据集。

③ cifar100：CIFAR100 小图像分类数据集。

④ fashion_mnist：10 类服饰数据集。

⑤ imdb：大规模电影评论分类数据集。

⑥ mnist：手写数字数据集。

⑦ reuters：路透社主题分类数据集。

Mnist 数据集介绍：Mnist 数据集来自美国国家标准与技术研究所。训练集（training set）由来自 250 个不同人手写的数字构成，其中 50% 是高中学生，50% 来自人口普查局（the Census Bureau）的工作人员。测试集（test set）也是同样比例的手写数字数据。Mnist 数据集包含四个部分：

① Training set images: train-images-idx3-ubyte.gz（9.9 MB，解压后 47 MB，包含 60 000 个样本）。

② Training set labels: train-labels-idx1-ubyte.gz（29 KB，解压后 60 KB，包含 60，000 个标签）。

③ Test set images: t10k-images-idx3-ubyte.gz（1.6 MB，解压后 7.8 MB，包含 10 000 个样本）。

④ Test set labels: t10k-labels-idx1-ubyte.gz（5 KB，解压后 10 KB，包含 10 000 个标签）。

步骤 1：导入相关包

代码如下：

```
import tensorflow as tf
```

```
from matplotlib import pyplot as plt
```

步骤2：读取数据集

调用函数tf.keras.datasets.mnist.load_data（path='mnist.npz'），该函数返回两个元组：（x_train, y_train）和（x_test, y_test）。

①x_train与x_test：数据类型位uint8的数组，灰度图像，维度为（样本总数，28，28）。

②y_train，y_test：数据类型位uint8的数组，0～9数字，维度为（样本总数）。

例如：

```
mnist=tf.keras.datasets.mnist
(x_train,y_train),(x_test,y_test)=mnist.load_data()
```

输出：

```
Downloading data from
https://storage.googleapis.com/tensorflow/tf-keras-datasets/mnist.npz
11493376/11490434 [==============================] - 1s 0us/step
11501568/11490434 [==============================] - 1s 0us/step
```

步骤3：可视化训练集第一个样本的输入特征

代码如下：

```
plt.imshow(x_train[0],cmap='gray')
# 绘制灰度图
plt.show()
```

输出结果如图2-20所示。

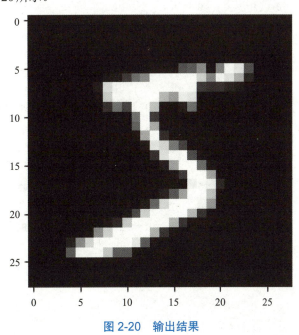

图2-20　输出结果

步骤4：打印出训练集第一个样本的输入特征

代码如下：

```
print("x_train[0]:\n", x_train[0])
```

输出：

```
x_train[0]:
 [[  0   0   0   0   0   0   0   0   0   0   0   0   0   0   0   0   0   0
    0   0   0   0   0   0   0   0   0   0]
  [  0   0   0   0   0   0   0   0   0   0   0   0   0   0   0   0   0   0
    0   0   0   0   0   0   0   0   0   0]
  [  0   0   0   0   0   0   0   0   0   0   0   0   0   0   0   0   0   0
    0   0   0   0   0   0   0   0   0   0]
  [  0   0   0   0   0   0   0   0   0   0   0   0   0   0   0   0   0   0
    0   0   0   0   0   0   0   0   0   0]
  [  0   0   0   0   0   0   0   0   0   0   0   0   3  18  18  18 126 136
  175  26 166 255 247 127   0   0   0   0]
  [  0   0   0   0   0   0   0   0  30  36  94 154 170 253 253 253 253 253
  225 172 253 242 195  64   0   0   0   0]
  [  0   0   0   0   0   0   0  49 238 253 253 253 253 253 253 253 253 251
   93  82  82  56  39   0   0   0   0   0]
  [  0   0   0   0   0   0   0  18 219 253 253 253 253 253 198 182 247 241
    0   0   0   0   0   0   0   0   0   0]
  [  0   0   0   0   0   0   0   0  80 156 107 253 253 205  11   0  43 154
    0   0   0   0   0   0   0   0   0   0]
  [  0   0   0   0   0   0   0   0   0  14   1 154 253  90   0   0   0   0
    0   0   0   0   0   0   0   0   0   0]
  [  0   0   0   0   0   0   0   0   0   0   0 139 253 190   2   0   0   0
    0   0   0   0   0   0   0   0   0   0]
  [  0   0   0   0   0   0   0   0   0   0   0  11 190 253  70   0   0   0
    0   0   0   0   0   0   0   0   0   0]
  [  0   0   0   0   0   0   0   0   0   0   0   0  35 241 225 160 108   1
    0   0   0   0   0   0   0   0   0   0]
  [  0   0   0   0   0   0   0   0   0   0   0   0   0  81 240 253 253 119
   25   0   0   0   0   0   0   0   0   0]
  [  0   0   0   0   0   0   0   0   0   0   0   0   0   0  45 186 253 253
  150  27   0   0   0   0   0   0   0   0]
  [  0   0   0   0   0   0   0   0   0   0   0   0   0   0   0  16  93 252
  253 187   0   0   0   0   0   0   0   0]
```

```
 [  0   0   0   0   0   0   0   0   0   0   0   0   0   0   0 249
  253 249  64   0   0   0   0   0   0   0]
 [  0   0   0   0   0   0   0   0   0   0   0   0  46 130 183 253
  253 207   2   0   0   0   0   0   0   0]
 [  0   0   0   0   0   0   0   0   0   0  39 148 229 253 253 253
  250 182   0   0   0   0   0   0   0   0]
 [  0   0   0   0   0   0   0   0  24 114 221 253 253 253 253 201
   78   0   0   0   0   0   0   0   0   0]
 [  0   0   0   0   0   0   0  23  66 213 253 253 253 253 198  81
    2   0   0   0   0   0   0   0   0   0]
 [  0   0   0   0   0   0  18 171 219 253 253 253 253 195  80   9
    0   0   0   0   0   0   0   0   0   0]
 [  0   0   0   0  55 172 226 253 253 253 253 244 133  11   0   0
    0   0   0   0   0   0   0   0   0   0]
 [  0   0   0   0 136 253 253 253 212 135 132  16   0   0   0   0
    0   0   0   0   0   0   0   0   0   0]
 [  0   0   0   0   0   0   0   0   0   0   0   0   0   0   0   0
    0   0   0   0   0   0   0   0   0   0]
 [  0   0   0   0   0   0   0   0   0   0   0   0   0   0   0   0
    0   0   0   0   0   0   0   0   0   0]
 [  0   0   0   0   0   0   0   0   0   0   0   0   0   0   0   0
    0   0   0   0   0   0   0   0   0   0]]
```

步骤5：打印出训练集第一个样本的标签

代码如下：

`print("y_train[0]:\n", y_train[0])`

输出：

```
y_train[0]:
 5
```

步骤6：打印出训练集与测试集的形状

代码如下：

```
# 打印出整个训练集输入特征形状
print("x_train.shape:\n", x_train.shape)
# 打印出整个训练集标签的形状
print("y_train.shape:\n", y_train.shape)
# 打印出整个测试集输入特征的形状
print("x_test.shape:\n", x_test.shape)
# 打印出整个测试集标签的形状
print("y_test.shape:\n", y_test.shape)
```

输出：

```
x_train.shape:
  (60000, 28, 28)
y_train.shape:
  (60000,)
x_test.shape:
  (10000, 28, 28)
y_test.shape:
  (10000,)
```

任务三　搭建全连接网络模型实现手写数字识别

构建全连接神经网络模型，应用深度学习框架TensorFlow训练Mnist数据集并成功预测出手写数字是多少。

步骤1：导入相关包

代码如下：

```python
import numpy as np
import pandas as pd
import matplotlib.pyplot as plt
import tensorflow as tf
from tensorflow.keras import layers
import random
```

步骤2：获取Mnist数据集

通过load_data()从tf.keras.datasets中读取Mnist数据集。

```python
mnist=tf.keras.datasets.mnist
(x_train,y_train),(x_test,y_test)=mnist.load_data()
```

步骤3：图像数据预处理

将图片的像素点从[0，255]范围映射到[0，1]方便拟合。代码如下：

```python
x_train,x_test=x_train/255.0,x_test/255.0    #对原本数据进行归一化
```

步骤4：建立模型

代码如下：

```python
model=tf.keras.models.Sequential([
#1.首先展平数据
tf.keras.layers.Flatten(),
#2.中间层较为自由可以随便定
tf.keras.layers.Dense(128,activation='relu'),
```

```
#3.最后一层的神经元个数为10,因为是分类问题输出0～9,共10个结果
# 同时使用softmax激活函数将结果映射到概率密度分布
tf.keras.layers.Dense(10, activation='softmax')
])
```

步骤5：编译并训练模型

编译模型的函数原型：

```
compile(
optimizer='rmsprop', loss=None, metrics=None, loss_weights=None,
weighted_metrics=None, run_eagerly=None, steps_per_execution=None,
jit_compile=None, **kwargs)
```

①optimizer：字符串（优化器名称）或一个优化器实例tf.keras.optimizers。

②loss：字符串（损失函数的名称），或者一个tf.keras.losses.Loss实例。

③metrics：模型在训练和测试期间要评估的指标列表。每个都可以是字符串（内置函数的名称）、函数或tf.keras.metrics实例。例如，metrics=['accuracy']。

训练模型的函数原型：

```
fit(
    x=None, y=None, batch_size=None, epochs=1, verbose='auto',
callbacks=None, validation_split=0.0, validation_data=None,
    shuffle=True, class_weight=None, sample_weight=None,
    initial_epoch=0, steps_per_epoch=None, validation_steps=None,
    validation_batch_size=None, validation_freq=1, max_queue_size=10,
    workers=1, use_multiprocessing=False)
```

①x：输入数据，NumPy数组或TensorFlow张量。

②y：目标数据，NumPy数组或TensorFlow张量。

③batch_size：整数，默认是32，批处理的样本数。

④epochs：整数，训练模型的周期（轮数）。

⑤validation_split：用来指定训练集的一定比例数据作为验证集。验证集将不参与训练，并在每个epoch结束后测试的模型的指标，如损失函数、精确度等。

注意：此划分在shuffle之前，因此如果数据本身是有序的，需要先手工打乱再指定validation_split，否则可能会出现验证集样本不均匀。

⑥validation_data：在每个epoch结束时评估损失和任何模型指标的数据。该模型将不会在此数据上进行训练。

⑦shuffle：布尔值，是否在每个epoch之前打乱训练数据。

⑧validation_freq：整数，仅在提供验证数据时相关，例如validation_freq=2表示每2个epoch运行一次验证。

⑨verbose：日志显示，0为不在标准输出流输出日志信息，1为输出进度条记录，2为每个

epoch输出一行记录。

例如：

```
model.compile(optimizer='adam',
 loss=tf.keras.losses.SparseCategoricalCrossentropy(from_logits=False),
 metrics=['sparse_categorical_accuracy'])
model.fit(x_train,y_train,batch_size=32,epochs=5,validation_data=(x_test,y_test),validation_freq=1)
```

步骤6：使用模型进行预测

```
index=random.randint(0,x_test.shape[0])
x=x_test[index]
y=y_test[index]
# 显示该数字
plt.imshow(x,cmap='gray_r')
plt.title("original{}".format(y))
plt.axis('off')
plt.show()
# 预测
x.shape=(-1,784)    # 变成[[]]
predict=model.predict(x)
predict=np.argmax(predict)    # 取最大值的位置
print("预测值：",predict)
```

任务四　搭建全连接网络模型实现手势识别

步骤1：解压手势图像数据集

手势图像数据集hand_train.zip包含300个样本，可在"派Lab"实训平台的对应课程中获取。

将其解压到当前目录，data文件夹即训练数据，test_example文件夹即提供的测试样例。例如：

```
!unzip -o -q data-sets/hand_train.zip -d ./
```

步骤2：导入相关包

代码如下：

```
import os
import cv2
import numpy as np
from sklearn.model_selection import train_test_split
import tensorflow as tf
from matplotlib import pyplot as plt
```

步骤3：读取图像数据集

代码如下：

```
x=[]
y=[]
path='./data'for filename in os.listdir(path):
    f1=filename.split('.')[-1]
    if(f1=='jpg'):
        img=cv2.imread(path+"/"+filename)
        imgs=np.array(img)
        x.append(imgs)
        label=int(filename.split('_')[0])
        y.append(label)
x=np.array(x)
y=np.array(y)
```

步骤4：数据预处理

①将数据集划分为训练集和测试集。
②对图像数据做归一化处理：

```
# 调用train_test_split()函数进行训练集,测试集的划分
x_train,x_test,y_train,y_test=train_test_split(x,y,test_size=0.2,random_state=0)
x_train,x_test=x_train / 255.0,x_test / 255.0
```

步骤5：搭建全连接神经网络

代码如下：

```
model=tf.keras.models.Sequential(name="build_dnn")
# 构建展平输入层
model.add(tf.keras.layers.Flatten(name="flatten"))
# 构建全连接层：128个神经元,激活函数为relu()
model.add(tf.keras.layers.Dense(units=128,activation='relu',name="dense1"))
# 构建全连接层：3个神经元,激活函数为softmax()
model.add(tf.keras.layers.Dense(units=3,activation='softmax',name="dense2"))
```

步骤6：训练模型

代码如下：

```
model.compile(optimizer='adam',loss=tf.keras.losses.Sparse-CategoricalCrossentropy
```

(from_logits=False),metrics=['sparse_categorical_accuracy'])
    model.fit(x_train,y_train,batch_size=16,epochs=60,validation_data=
(x_test,y_test),validation_freq=1)
```

### 步骤 7：使用模型预测手势

①展示测试图片中的手势。代码如下：

```
img=cv2.imread('test_example/test2.jpg')
img_color=cv2.cvtColor(img,cv2.COLOR_BGR2RGB)
plt.imshow(img_color)
plt.show()
```

输出结果如图 2-21 所示。

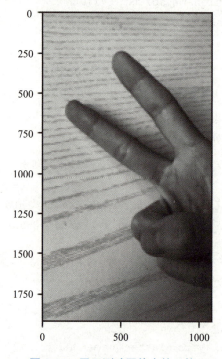

图 2-21　展示测试图片中的手势

②使用模型识别图片中的手势。代码如下：

```
img_720=cv2.resize(img,(360,360))
imgs=np.array(img_720)
x_test=np.array(imgs)
x_test=x_test/255.0
x_test.shape=(-1,360,360,3)
predict=model.predict(x_test)
# 调用 predict() 进行预测
predict=np.argmax(predict,axis=1)
```
```

```
# 输出预测结果
print('预测的结果:',' 布'if predict==0 else'剪刀'if predict==1 else'石头')
```

输出：

预测的结果：剪刀

测 验

1. 在感知机（perceptron）中的任务顺序是（　　）。

    ①初始化随机权重

    ②去到数据集的下一批（batch）

    ③如果预测值和输出不一致，改变权重

    ④对一个输入样本，计算输出值

    A. ①②③④　　　B. ④③②①　　　C. ③①②④　　　D. ①④③②

2. 与单层感知器相比较，下面（　　）不是多层网络所特有的特点。

    A. 神经元的数目可以达到很大

    B. 含有一层或多层隐单元

    C. 激活函数采用可微的函数

    D. 具有独特的学习算法

3. 在实现前向传播和反向传播中使用的 cache 缓存代表（　　）。

    A. 用于在训练期间缓存成本函数的中间值

    B. 用它传递前向传播中计算的变量到相应的反向传播步骤，它包含用于计算导数的反向传播的有用值

    C. 它用于跟踪正在搜索的超参数，以加速计算

    D. 使用它将向后传播计算的变量传递给相应的正向传播步骤，它包含用于计算激活的正向传播的有用值

4. 对于下面的单隐层神经网络，说法正确的是（　　）。

    A. b[1]b[1] 的维度是（4，1）

    B. W[1]W[1] 的维度是（4，2）

    C. W[2]W[2] 的维度是（1，4）

    D. b[2]b[2] 的维度是（1，1）

5. 使用 TensorFlow 进行基本操作的实例，使用 keras 建立模型，其中 units=1，input_shape=[1]，为 Keras 模型添加优化器 'sgd' 和损失函数 'mean_squared_error'，创建两个浮点型数据类型的数组 xs、ys，按照给出的 value 来赋值，用模型预测 [7.0] 的输出值，使用 print 方法打印出结果。输入：

    xs：[1.0，2.0，3.0，4.0，5.0，6.0]

    ys：[1.0，1.5，2.0，2.5，3.0，3.5]

    epochs=100

    要求：使用 model.fit 训练输入数据 xs，训练输出数据 yx，epochs=100，verbose=0。

项目总结

根据项目要求完成所有任务，填写任务分配表和任务报告表。

任务分配表

班级		组号		指导老师	
组长		学号		成员数量	
组长任务					
组员姓名	学号		任务分工		

任务报告表

学生姓名		学号		班级		
实施地点			实施日期	20____年____月____日		
任务类型	□演示性	□验证性	综合性	□设计研究	□其他	
任务名称						

一、任务中涉及的知识点

二、任务实施环境

三、实施报告（包括实施内容、实施过程、实施结果、所遇到的问题、采用的解决方法、心得反思等）

小组互评	
教师评价	日期

项目三 卷积神经网络实战

项目概述

本项目是开始深度学习的第三个项目，通过这个项目认识并初步掌握卷积神经网络的原理。本项目分为三个任务：通过任务一搭建一个卷积神经网络，能够熟练调用 TensorFlow 框架；通过任务二使用卷积神经网络实现简单的应用——服装分类；通过任务三实现一个复杂模型，使用全卷积神经网络实现宠物识别；通过任务四掌握模型的存储与调用；任务五是卷积神经网络的应用——基于 YOLO 模型实现目标检测。

项目目标

知识目标：
- 了解卷积神经网络的结构。
- 了解卷积神经网络的原理。
- 掌握 FCN 的网络结构。
- 掌握模型保存的形式。
- 了解 YOLO 模型。

技能目标：
- 能够搭建卷积神经网络模型结构。
- 具有使用 TensorFlow 框架的能力。
- 能够搭建 FCN 网络模型。
- 能够对神经网络模型进行存储。
- 能够熟练地对神经网络模型进行调用。
- 具有加载 YOLOv3 网络模型配置权重的能力。
- 具有调用 YOLOv3 模型对给定的图片进行检测的能力。

素质目标：
- 具备良好的职业道德。
- 团结协作、互相帮助。

知识链接

1. 深度学习在计算机视觉中的应用

深度学习是一种人工智能算法,深度学习算法在经过几次浮沉之后,终于在2006年的Geoffrey Hinton的一篇论文中再次掀起了AI的风向标,开创了"深度神经网络"和深度学习的技术历史,随之而来的也是一场商业革命。

计算机视觉是在深度学习算法出现之前就已经成为被研究的对象。传统的计算机视觉使用的方法是基于机器学习的,但之所以机器学习方法逐渐被淘汰,原因就是图像数据的特征表示,一直是计算机视觉难以解决的难题。在深度学习被突破之后,大量的计算机视觉应用都尝试用深度学习算法去解决,取得了非常好的效果。

2010年,斯坦福大学教授李飞飞创建了一个名为ImageNet的大型数据集,其中包含了数百万条带标签的图像,为深度学习技术性能测试和不断提升提供了舞台。2012年,Geoffrey Hinton和他的学生利用了一个8层的卷积神经网络AlexNet,以超越使用传统计算机视觉方法的第2名10.8%的成绩获得了冠军;AlexNet可以使计算机识别出不同品种的猴子和猫。2016年,谷歌旗下的DeepMind公司开发的阿尔法围棋智能系统AlphaGo战胜了人类棋手冠军李世石。这些都是深度学习在计算机视觉领域的成功应用。下面就从计算机视觉的具体应用进行讲解。

(1) 图像分类

图像分类,即物体的分类。实质上就是从给定的类别集合中为图像分类对应标签的任务,对于深度学习算法来说,就是将一个图像输入到深度学习模型中,该模型返回一个该图像类别的标签的过程。

ImageNet数据集是ILSVRC竞赛使用的数据集,包含了超过1 400万张全尺寸的有标记的图片,大约有22 000个类别的数据。由该数据集训练出来的模型,就可以识别这22 000个类别的物体。例如,Mnist手写数字数据集,它是包含了0~9的集合,一共60 000张训练图像、10 000张测试图像,共10个类别,图像大小为28×28×1像素,通道数为1,由这个数据集训练的神经网络可以识别手写的数字。从传统的机器学习方法发展到如今基于深度学习的计算机视觉技术,计算机的图像分类水准已经超过了人类。图3-1和图3-2分别为计算机视觉中常用的动物数据集和手写数字数据集。

图 3-1 动物数据集

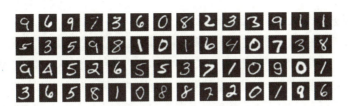

图 3-2　手写数字数据集

目标检测（object detection）找出图像中所有感兴趣的目标（物体），确定它们的类别和位置，是计算机视觉领域的核心问题之一。由于各类物体有不同的外观、形状和姿态，加上成像时光照、遮挡等因素的干扰，目标检测一直是计算机视觉领域最具有挑战性的问题。

目标检测手与图像分类最大的区别就在于目标检测需要做更细粒度的判定，不仅要判定图像中是否包含目标物体，还要给出各个目标物体的具体位置。如图 3-3 所示，目标检测算法关注的是"人体"这一特定的目标物体，图像中不仅检测出有人物，还准确地框出了人物在图像中的位置，整个过程称为图像识别。

图 3-3　人物检测

计算机视觉中图像识别中的四个任务总结如下：

①分类（classification）：解决"是什么？"的问题，即给定一张图片或一段视频判断里面包含什么类别的目标。

②定位（location）：解决"在哪里？"的问题，即定位出这个目标的位置。

③检测（detection）：解决"在哪里？是什么？"的问题，即定位出这个目标的位置并且知道目标物是什么。

④分割（segmentation）：分为实例的分割和场景分割，解决"每一个像素属于哪个目标物或场景"的问题。

目标检测是计算机视觉最基本的问题之一，下面是它的几个典型的应用场景。

①人脸识别：人脸识别是居于人的面部特征进行身份识别的一种生物识别技术，通过采集含有人脸的图像或者视频流，自动检测和跟踪人脸，进而对检测到的人脸进行识别。人脸识别系统主要包含四部分：人脸图像采集、人脸图像预处理、人脸图像特征提取、身份匹配与识

别，其中人脸图像采集是进行后续识别的基础。

②工业检测：工业上由于失误导致的产品有缺陷是很常见的问题，缺陷检测也是工业上非常重要的一个应用。由于原料、制造业工艺、环境、缺陷多种多样等因素的影响，传统的机器视觉算法很难做到对缺陷特征进行完整的建模和迁移复用，如要求区分具体缺陷，还会受到人的主观因素影响和浪费大量的人力成本。深度学习在提取特征和定位上取得了非常好的效果，将深度学习中的目标检测算法应用到缺陷检测领域是一种趋势。图3-4所示为布匹瑕疵检测。

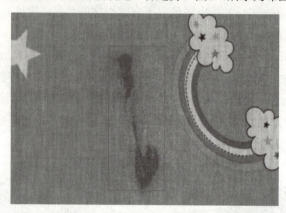

图 3-4　布匹瑕疵检测

（2）图像分割

图像分割是计算机视觉中十分重要的领域，它是在像素级别上识别图像，即标注每个像素所属的对象类别；图像分割分为语义分割、实例分割、全景分割，图3-5为三种分割的实例；语义分割是像素级别上的分类，属于同一类的像素都要被归为一类；实例分割在语义分割的基础再做具体的类别分割，比如说语义分割可以识别图像中的动物，但实例分割还需要将动物的具体类别标注出来。全景分割需要对图像里的所有物体和背景都要进行检测和分割，不仅要对感兴趣的目标区域进行分割，也要对背景区域进行分割。

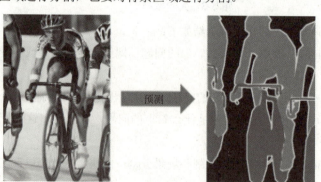

图 3-5　图像分割

这里需要和实例分割区分开。它没有分离同一类的实例；这里关心的只是每个像素的类别，如果输入对象中有两个相同类别的对象，则分割本身不将它们区分为单独的对象。图像分割也是计算机视觉最基本的问题之一，下面是它的几个典型的应用场景。

①自动驾驶：需要为汽车增加必要的感知，以了解汽车所处的环境，以便自动驾驶的汽车可以安全行驶。图3-6所示为自动驾驶过程中实时分割道路场景。

图3-6　自动驾驶场景

②医疗影像诊断：医学图像分割是从CT或MRI等医学诊断中获取的图像进行器官或者病变位置的像素级的识别，这是医学图像分析中最具有挑战性的任务之一，其目的是传递和提取这些器官或者组织的形状和体积的关键信息。许多研究人员应用现有的技术提出了各种自动分割系统，早期的系统是建立在传统方法上的（如边缘检测滤波器和数学方法），然后是机器学习方法提取手工制作的特征，已成为一个长期的主导技术。设计和提取这些特征一直是开发的关注点。

从2000年开始，由于计算机硬件设备的进步，深度学习方法开始崭露头角，并开始展示其在图像处理任务中的强大功能，基于深度学习的图像分割技术逐渐成为图像分割的重要组成部分，而且在计算机辅助医疗系统的实际应用过程中有着极其重要的作用，它经常作为诊疗和医疗系统中首要的组成部分，被广泛地用于保留和去除关键的区域或组织。图3-7所示为大脑区域及形状个体差异示意图。

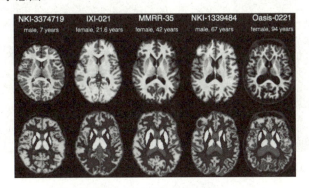

图3-7　大脑区域及形状个体差异示意图

（3）图像修复

图像修复是指恢复图像损失的部分并且基于背景信息将它们重建的技术，是在视觉输入的指定区域中填充缺失数据的过程。在数字世界中，它指的是应用复杂算法以替代图像数据中缺失或者损坏的部分，在数字效果图像复原、图像编码和传输的应用中，图像修复已经被广泛研究。深度学习在图像修复中应用广泛，依赖训练神经网络来填补图像中的大洞，并且神经网络通过一连串的基本操作运算来学习图像到标签之间的映射,当在巨大的数据集(数百万张带标签的图像)上训练后,神经网络就具有修复图像的能力。图 3-8 所示为图像的复原。

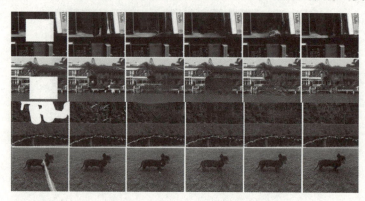

图 3-8　图像复原

图像修复也是计算机视觉最基本的问题之一,下面是它的几个典型的应用场景。

①图像去雾/雨:雾是由大气中悬浮的细小物质经大气散射后产生的现象,有雾的图像存在对比度低、饱和度低、细节丢失、颜色偏差等问题,严重影响对图像的分析,如分类、定位、检测、分割等。图像去雾一直以来是备受关注的具有挑战性的任务,尤其是单幅图像去雾,对后续图像进一步分析十分关键,单幅图像去雾可以分为传统方法和基于深度学习的方法。基于深度学习的方法则是利用神经网络强大的学习能力,这种方法主要可以分为两种:一种是基于大气退化模型,利用神经网络对模型中的参数进行估计,早期的方法发多数基于这种思想;另一种是利用输入的有雾图像,直接输出得到去雾后的图像。目前最新的去雾方法更倾向于后者。图 3-9 所示为去雾前后的对比图。

(a) 去雾前　　　　　　　　　　　　(b) 去雾后

图 3-9　去雾效果对比

②图像超分辨率重建:超分辨率重建技术是由一些低分辨率模糊的图像或者序列来估计具有更高分辨率的图像或视频序列,同时能够消除噪声以及由光学元件产生的模糊,是提高降质图像或序列分辨率的有效手段。深度学习近年来在图像领域发展迅猛,它的引入为单张图像超分辨率重构带来了新的发展前景。

基于卷积神经网络的超分辨率算法可以直接在低分辨率图像块与高分辨率图像块之间建立端

到端的映射,并且网络采用传统的梯度下降进行训练,网络前层的神经元可以从图像中提取出像素级别的低级特征,厚层的神经元利用前层提取到的低级特征合成一些图像高级特征。从而恢复出图像在降采样中丢失的高频细节信息。图3-10所示为图像从低分辨率到高分辨率重建的过程。

图 3-10　图像超分辨率重建

2. 卷积神经网络

（1）卷积神经网络框架

卷积神经网络（convolutional neural network，CNN）是一种前馈神经网络结构,最初用于解决计算机图像识别。随着技术发展也可用于视频分析、时间序列信号、文本数据、音频数据等场景,主要处理权值太多、计算量太大、问题比较复杂、需要大量样本进行训练等问题。

图 3-11 所示 CNN 的框架,主要由输入层（input）、卷积层（convolution）、池化层（pooling）、全连接层、输出（output）组成。其中,卷积层和池化层可以重复多层建立（具体重复多少层、人为决定）。

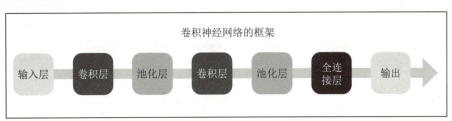

图 3-11　卷积神经网络框架

（2）卷积层

首先,把图片转化成机器可以识别的样子,把每一个像素点的色值转化成矩阵来表示。这里为了方便说明,简化为6×6像素来表示,且取只RGB图片一层,如图3-12所示。

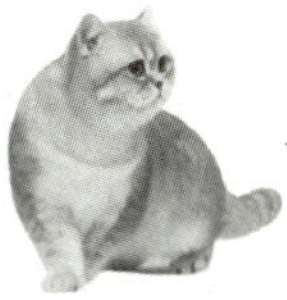

图 3-12　图像的像素矩阵

然后，用一些过滤器同输入的图片的矩阵做卷积，如图3-13所示。

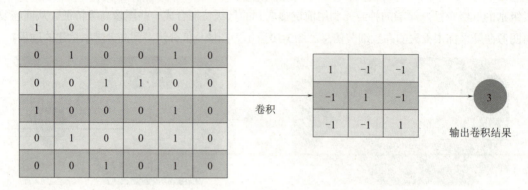

图 3-13　卷积操作

①过滤器：过滤器用来检测图片是否有某个特征，卷积的值越大，说明这个特征越明显。同一个过滤器，会在原图片矩阵上不断移动，每移动一步，就会做一次卷积（移动的距离是人为决定的）。因此移动完之后，一个过滤器就能检测出哪些部位存在相似特征。过滤器的工作原理图如图3-14所示。

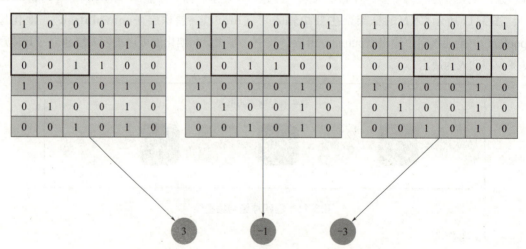

图 3-14　过滤器工作原理

②卷积与神经元的关系，如图3-15所示。

图3-14有三点需要说明：

- 每移动一下，其实就是相当于接了一个神经元。
- 每个神经元连接的不是所有的输入，只需要连接部分输出。
- 同一个过滤器移动产生的神经元可能有很多个，但是它们的参数是公用的，因此参数不会增加。

③多个过滤器:同一层可能不止跟一个过滤器卷积,可能是多个,如图3-16所示。

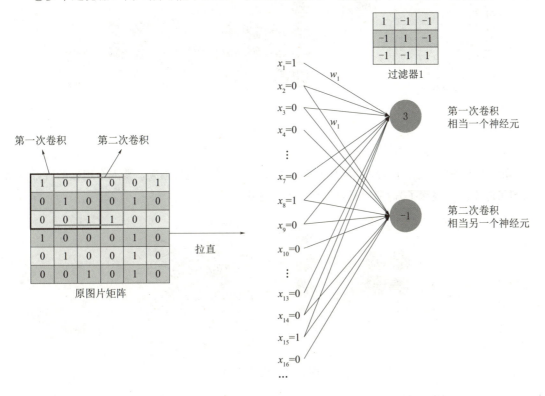

图 3-15 卷积与神经元的关系

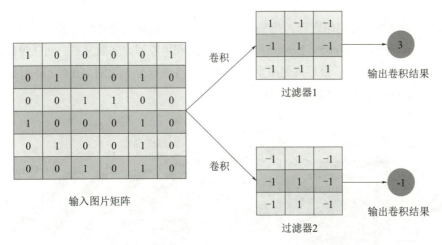

图 3-16 多个过滤器工作结果

(3)池化层

如图3-17所示,用过滤器1卷积完后,得到了一个4×4的矩阵,假设按每四个元素为一组,从每组中选出最大的值为代表,组成一个新的矩阵,得到的就是一个2×2的矩阵,这个过程就是池化。池化后,特征变量就缩小了,因此需要确定的参数也会变少。

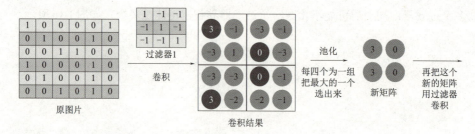

图 3-17 池化

(4) 全连接层

如图 3-18 所示,经过多次的卷积和池化之后,把最后池化的结果,输入全连接的神经网络(层数可能不需要很深了),最后就可以输出预测结果。

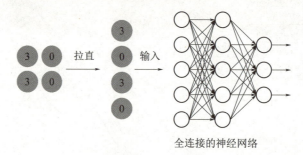

图 3-18 全连接层

3. 经典的卷积神经网络

(1) LeNet

LeNet 是最早的神经网络之一,是 Yann LeCun 等在多次研究后提出的最终卷积神经网络结构,一般 LeNet 即指代 LeNet-5。LeNet5 卷积神经网络利用卷积、参数共享、池化等操作提取特征,避免大量的计算成本,最后再使用全连接神经网络进行分类识别。使用 LeNet 搭建数字识别神经网络,LeNet 的网络模型如图 3-19 所示。

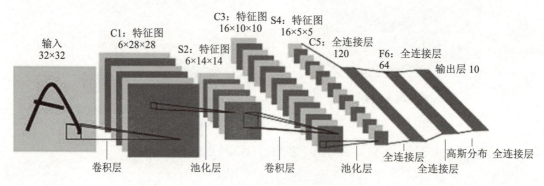

图 3-19 LeNet 的网络

(2) AlexNet

AlexNet 网络结构共有八层,前面五层是卷积层,后面三层是全连接层,采用两个 GPU 进行训练。结构由两部分组成：一个GPU运行图上方的层；另一个运行图下方的层，两个GPU只在特定的层通信。图3-20所示为AlexNet的网络模型。

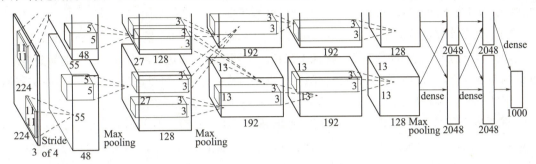

图 3-20　AlexNet 网络模型

其中，Stride of 4 表示步长参数，Max pooling 表示最大池化，dense 表示全连接层。

（3）VGGNet

VGGNet重点探索卷积神经网络的深度与其性能之间的关系，成功构筑16～19层深的卷积神经网络，模型结构如图3-21所示。证明增加神经网络的深度能够在一定程度上影响神经网络的最终性能，使错误率大幅下降、增强拓展性，并且迁移到其他图片数据上的泛化性也非常好。

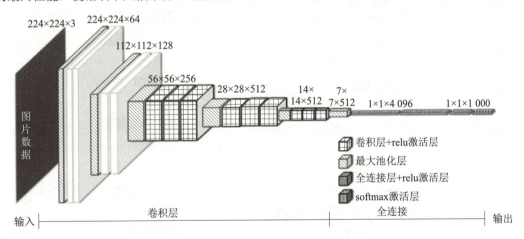

图 3-21　VGGNet 网络模型

（4）GoogleNet

GoogleNet是一款网络架构简洁的神经网络，其网络模型如图3-22所示。虽然深度只有22层，但却比AlexNet和VGG小很多，GoogleNet参数为500万个，大约是VGGNet参数的1/20倍，因此在内存或计算资源有限时，GoogleNet是比较好的选择。从模型结果来看，GoogLeNet的性能更加优越。

GoogleNet的主要创新点如下：

①引入了Inception结构，它将特征矩阵同时输入多个分支进行处理，并将输出的特征矩阵按深度进行拼接，其作用在于增加网络深度和宽度的同时减少参数。

②使用了1×1的卷积核进行降维以及映射处理，同样对一个深度为512的特征矩阵使用

64×64个大小为5×5的卷积进行卷积,不使用1×1的卷积核进行降维,一共需要819 200个参数,如果使用1×1卷积核进行降维一共需要50 688个参数,明显少了很多。在Inception结构的基础上,加上1×1的卷积操作,可以明显地降低参数量。

③添加两个辅助分类器帮助训练。AlexNet 和 VGG 都只有1个输出层,GoogLeNet 有3个输出层,其中的2个是辅助分类层。如图3-22所示,网络主干右边的两个分支就是辅助分类器,其结构完全一样。辅助分类器可以确保隐藏层也参与特征计算,可以进行图片预测;在训练期间,辅助分类器的损失以折扣权重(辅助分类器损失的权重是0.3)加到整个损失上。

④丢弃全连接层,使用平均池化层,大幅减少了模型参数。对于图3-22所示的GooleNet的网络模型,1×1、3×3、5×5、7×7均表示卷积核/池化层的大小,卷积核大小后面的+1表示步长,S、V表示卷积和池化操作的填充数据padding的大小,在Tensorflow框架中,S表示padding = 'same',表示填充之后,特征的尺寸大小不变,V表示padding = 'vaild',表示不进行填充,特征图大小会发生改变。

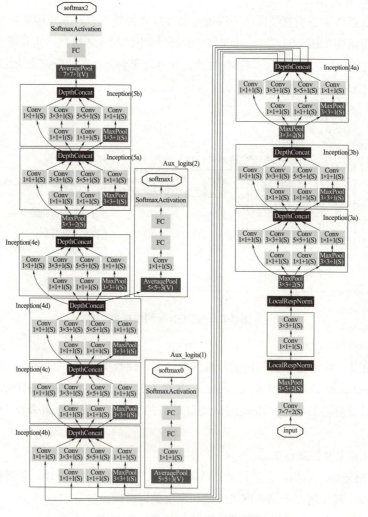

图 3-22　GoogleNet 网络模型

相关说明如下：

①Conv：卷积层。

②Maxpool：最大池化层。

③DepthConcat：深度拼接。

④AveragePool：平均池化。

⑤SoftmaxActivation：softmax 激活层。

⑥FC：全连接层。

4. 激活函数

前面了解了人工神经网络的最小单位：神经元。每个神经元都接受上一层神经元的输出值，作为自己的输入值，这些输入值通过加权、求和之后，还需要经过一个函数的作用，最后得到输出值。这个函数称为激活函数，作用在输出的神经元上。神经元与激活函数如图 3-23 所示。其中，w_1、w_2、w_3 表示输入的神经元的权重，b 为偏置，Σ 表示输入与权重 w_1、w_2、w_3、b 运算后的结果，f 表示激活函数。

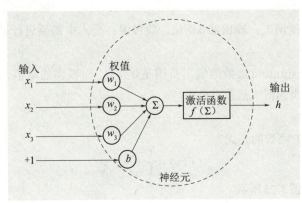

图 3-23 神经元与激活函数

激活函数的公式为

$$y = f(xw + b)$$

激活函数具有以下特点：

①非线性：激活函数非线性时，多层神经网络可逼近所有函数。

②可微性：优化器大多用梯度下降更新参数。

③单调性：如果激活函数是单调的，能保证单层网络的损失函数是凸函数。

④近似恒等性：$f(x) = x$ 当参数初始化为随机小值时，神经网络更稳定。

（1）Sigmoid 函数

函数的公式为

$$f(x) = \frac{1}{1 + e^{-x}}$$

函数图像如图 3-24 所示。

在 TensorFlow 中，有两种调用方法：

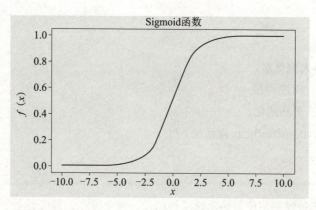

图 3-24　Sigmoid 函数图像

方法一：tf.keras.activations.sigmoid（x）

方法二：tf.nn.sigmoid（x）

优点：输出映射在（0,1）之间，单调连续，输出范围有限，优化稳定，求导容易，可用作输出层。

缺点：易造成梯度消失；输出非0均值，收敛慢；公式中需要进行幂运算，幂运算复杂，训练时间长。

适用范围：由于 sigmoid 函数的输出范围是 0 到 1，而概率的取值范围也是 0 到 1，所以 sigmoid 函数用于二分类的概率问题很合适。

（2）Tanh 函数

Tanh（双曲正切）函数的公式为

$$f(x) = \frac{1 - e^{-2x}}{1 + e^{-2x}}$$

Tanh 函数图像如图 3-25 所示。

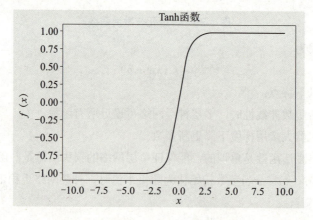

图 3-25　Tanh 函数图像

在 TensorFlow 中，也有两种调用方法：

方法一：tf.keras.activations.tanh（x）。

方法二：tf.math.tanh（x）。

Tanh 函数具有在饱和区域变化得很慢、趋近于 0、幂函数的复杂度高、计算量大等特点。

优点：比 sigmoid 函数收敛速度更快；相比 sigmoid 函数，其值域为 (-1，1)。

缺点：易造成梯度消失；公式中有幂运算，幂运算复杂，训练时间长。

（3）ReLU 函数

ReLU 函数的公式为：

$$f(x) = \max(x, 0)$$

ReLU 函数图像如图 3-26 所示。

与前面两种激活函数类似，在 Tensorflow 中，也有两种调用方法：

方法一：tf.keras.activations.relu（x）。

方法二：tf.nn.relu（x）。

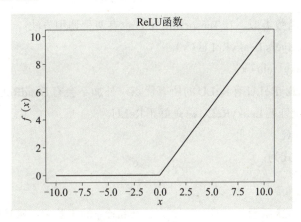

图 3-26　ReLU 函数图像

ReLU 函数解决了梯度消失的问题，在计算时，只需要计算输入是否大于 0，因此计算速度块，收敛速度远远快于 Sigmoid 和 Tanh。但由于 Tanh 函数在正区间内等于 x 本身，在负区间内等于 0，所以会导致某些神经元永远都不会被激活，导致相应的参数永远都不能被更新。

优点：梯度不饱和，收敛速度快；相对于 Sgigmoid 和 Tanh 函数，极大地改善了梯度消失的问题；不需要进行指数运算，因此运算速度快，复杂度低；ReLU 函数会使得一部分输出为 0，造成了网络的稀疏性，并且减少了参数的互相依存关系，减少了过拟合问题的发生。

缺点：对参数初始化和学习率非常敏感；存在神经元死亡；函数的输出均值大于 0，偏移现象和神经元死亡会共同影响网络的收敛性。

在实际解决问题中，ReLU 函数应用是最广泛的。

（4）LeakyReLU 函数

LeakyReLU 函数的公式为：

$$f(x) = \max(ax, x)$$

其中，a 为斜率，通常为一个较小的常数，这样，在输入小于零时，LeakyReLU 会产生一个非零输出，从而解决了 ReLU 函数在负数区域的输出为零的问题。

LeakyReLU 函数图像如图 3-27 所示。

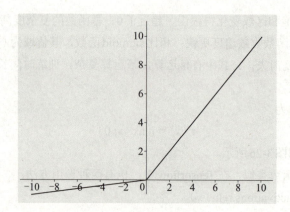

图 3-27　LeakyReLU 函数图像

与前面两种激活函数类似,在 Tensorflow 中,也有两种调用方法:

方法一:tf.keras.layers.LeakyReLU(x)。

方法二:tf.nn.leaky_relu(x)。

理论上来讲,LeakyReLU 有 ReLU 的所有优点,外加不会有 DeadReLU 问题。但是在实际操作当中,并没有完全证明 LeakyReLU 总是好于 ReLU。

(5)Softmax 函数

Softmax 函数的公式为:

$$f(x) = \frac{e^{y_i}}{\sum_i e^{y_i}}$$

假设现在有如图 3-28 所示的 $y=[8,5,0]$,计算每个 y 的指数 e^{y_i};再计算所有 y 的指数之和,最后计算 $f(x) = \dfrac{e^{y_i}}{\sum_i e^{y_i}}$,从而将原来的 y 转换为概率密度,从图也可以看出概率密度的和为 1。

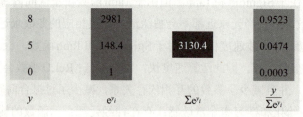

图 3-28　Softmax 函数运算过程

softmax 函数可视为 sigmoid 函数的泛化形式,其本质就是将一个 k 维的任意实数向量映射成另一个 k 维的实数向量,其中向量中的每个元素的取值范围都介于 [0, 1] 之间,也就是数值转换成概率。softmax 函数适用于多分类问题。

5. 损失函数

如图 3-29 所示,图中的小圆点表示住宅,直线表示公路。现在要造一条公路,使得每个住户到公路的距离都最小,并评判这条公路是否最优。只要把所有住宅到公路的距离加起来,这个值达到最小,公路就最优。

图 3-29 线性回归线

同理,在神经网络中,也需要有一个判断预测值和真实值之间差距的依据,可以使用损失函数来实现这个作用。

损失函数(loss function)是用来量化预测值(y)与标准答案($y\_$)的差距。损失函数可以定量判断预测值优劣,从而去调整预测过程中用到的参数,使损失函数变小。损失函数输出最小时,预测过程中用到的参数会出现最优值;总结来说,损失函数用来评估预测值与真实值的差距神经优化目标:常用的损失函数有均方误差损失和交叉熵损失两种。

(1)均方误差函数 MSE

均方误差(mean square error)公式如下:

$$\text{MSE}(y\_, y) = \frac{1}{n}\sum_{i=1}^{n}(y - y_i)^2$$

例如:

```
import tensorflow as tf
y_=tf.Variable([0,1,2,3,4])        # 标准答案
y=tf.Variable([0,1,2,3,0])         # 预测答案
loss_mse=tf.keras.losses.mean_squared_error(y_,y)
print(loss_mse)
print("解释:误差平方为 16,均方误差为 16/5=3")
```

(2)分类交叉熵损失函数

在本课程以及后续模型训练中用到的更多的可能是分类交叉熵(cross entropy)损失函数公式如下:

$$\text{crossEntropy} = -\sum_{i=0}^{n} y_i \cdot \ln\hat{y}_i$$

对于单个样本来说,y 表示真实分布,$\hat{y}$ 表示模型的预测分布,总的类别数为 n;如果该问题是二分类问题,则真实分布的概率 y 只能取 0 或者 1,则该损失函数的公式如下所示:

$$\text{crossEntropy} = -y \cdot \ln\hat{y} - (1-y) \cdot \ln(1-\ln\hat{y})$$

当 y 等于 0 时,表示分类结果为负类;当 y 等于 1 时,表示分类结果为正类;如果是多分类问题,则该问题的激活函数一般是 softmax。

例如:

```
y_=tf.constant([[1,0,0],[0,1,0],[0,0,1],[1,0,0],[0,1,0]])
```

```
y=tf.constant([[12,3,2],[3,10,1],[1,2,5],[4,6.5,1.2],[3,6,1]])
y_pro=tf.keras.activations.softmax(y)
loss_ce1=tf.keras.losses.categorical_crossentropy(y_,y_pro)
print('分步计算的结果:\n',loss_ce1)
```

6. FCN 网络

（1）概述

卷积神经网络做图像分类和目标检测的效果已经被证明并广泛应用，图像语义分割本质上也可以认为是稠密的目标识别（需要预测每个像素点的类别）。

传统的基于CNN的语义分割方法：将像素周围一个小区域（如25×25）作为CNN输入，做训练和预测。这样做有三个问题：

①像素区域的大小如何确定。

②存储及计算量非常大。

③像素区域的大小限制了感受野的大小，从而只能提取一些局部特征。

需要FCN（全卷积神经网络）模型的原因：

①分类使用的网络通常会在最后连接几层全连接层，它会将原来二维的矩阵（图片）压扁成一维矩阵，从而丢失了空间信息，最后训练输出一个标量，这就是分类标签。

②图像语义分割的输出需要是个分割图，且不论尺寸大小，都至少是二维的。所以，需要丢弃全连接层，换上全卷积层，这就是全卷积网络。图3-30所示为使用FCN实现猫狗图像的语义分割。

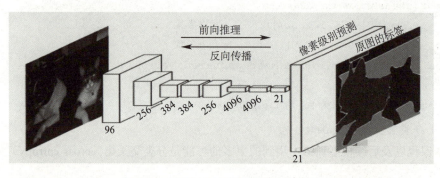

图 3-30　使用 FCN 实现图像语义分割

（2）FCN 原理及网络结构

FCN将传统卷积网络后面的全连接层换成了卷积层，这样网络输出不再是类别而是heatmap（热力图）；同时为了解决因为卷积和池化对图像尺寸的影响，提出使用上采样的方式进行恢复。

核心思想：这里包含了当下CNN的三个思潮。

①不含全连接层的全卷积网络，可适应任意尺寸输入。

②增大数据尺寸的反卷积（deconv）层，能够输出精细的结果。

③结合不同深度层结果的跳级（skip）结构，同时确保鲁棒性和精确性。

FCN 结构详图如图 3-31 所示。输入可为任意尺寸彩色图像；输出与输入尺寸相同，深度为：20 类目标+背景=21。

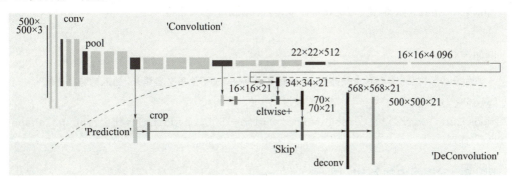

图 3-31　FCN 结构详图

任务一　搭建一个卷积神经网络

本任务是使用 TensorFlow 框架搭建一个包含卷积层、池化层、dropout 层等的神经网络。

步骤 1：导入相关包

本任务主要练习使用 TensorFlow 进行张量运算，在使用之前需要先导入这个包及层类型。例如：

```
import tensorflow as tf
# 导入 tensorflow 库
import tensorflow as tf
# 导入需要构建的网络层函数
from tensorflow.keras.layers import Conv2D, BatchNormalization, Activation, MaxPool2D, Dropout
```

步骤 2：初始化顺序模型

代码如下：

```
# 调用 Sequential() 函数用于网络的线性堆叠
model=tf.keras.models.Sequential()
```

步骤 3：向模型中加入卷积层

代码格式如下：

```
tf.keras.layers.Conv2D(
filters= 卷积核个数, kernel_size= 卷积核尺寸 # 正方形写核整数, # 或(核高 h, 核宽 w)
strides= 滑动步长　　　　# 横纵向相同写步长整数, 或(纵向步长 h, 横向 # 步长 w), 默认 1
```

```
    padding="same"or"valid"           # 使用全零填充是 same, 不使用是 valid (默认)
    activation="relu"or"sigmoid"or"tanh"or"softmax" 等   # 如有 #BN 此处不写
    input_shape=(高,宽,通道数)          # 输入特征图维度,可省略
)
```

例如:

```
# 添加一层卷积层: 卷积核个数为 6, 卷积核尺寸为 (5,5), 使用全零填充, 输入的特征图维度为 (64, 64, 3)
model.add(Conv2D(filters=6, kernel_size=(5,5), padding='same', input_shape=(64, 64, 3)))
```

步骤 4: 向模型中加入 BN 层

```
# 增加一层批标准化层
model.add(BatchNormalization())
```

步骤 5: 向模型中加入池化层

最大值池化可提取图片纹理。代码格式如下:

```
tf.keras.layers.MaxPool2D(
    pool_size=池化核尺寸 # 正方形写核长整数, 或 (核高 h, 核宽 w)
    strides=池化步长 # 步长整数, 或 (纵向步长 h, 横向步长 w), 默认为 pool_size
    padding='valid' 或 'same'。# 使用全零填充是 same, 不使用是 valid (默认)
)
```

均值池化可保留背景特征。代码格式如下:

```
tf.keras.layers.AveragePooling2D(
    pool_size=池化核尺寸 # 正方形写核长整数, 或 (核高 h, 核宽 w)
    strides=池化步长 # 步长整数, 或 (纵向步长 h, 横向步长 w), 默认为 pool_size
    padding='valid' 或 'same'。# 使用全零填充是 same, 不使用是 valid (默认)
)
```

例如:

```
# 增加一层最大池化层: 池化核尺寸为 (2,2), 池化步长为 2, 使用全零填充
model.add(MaxPool2D(pool_size=(2,2), strides=2, padding='same'))
```

步骤 6: 向模型中加入 dropout 层

在神经网络训练时,将一部分神经元按照一定概率从神经网络中暂时舍弃。舍弃概率的理解: 假设每一层神经元丢弃概率是 p,那么保留下来的概率就是 $1-p$。每一个神经元都有相同的概率被丢弃和保留。代码格式如下:

```
tf.keras.layers.Dropout(舍弃的概率)
```

例如:

```
# 增加一层 dropout 层, 舍弃的概率为 0.2
```

```
model.add((Dropout(0.2)))
```

步骤 7：输出模型结构

输出语句如下：

例如：

```
model.summary()
```

输出结果如图 3-32 所示。

Layer（type）	Output Shape	Param #
conv2d_1（Conv2D）	(None,64,64,6)	456
batch_normalization_1（BatchNormalization）	(None,64,64,6)	24
dropout_1（Dropout）	(None,64,64,6)	0

Model:"sequential_1"

Total params:480
Trainable params:460
Non-trainable params:12

图 3-32　程序运行结果

任务二　使用卷积神经网络实现服装分类

步骤 1：导入相关包

代码如下：

```
import tensorflow as tf
from tensorflow.keras.layers import Conv2D,BatchNormalization,Activation,MaxPool2D,Dropout,Flatten,Dense
from tensorflow.keras import Model
from matplotlib import pyplot as plt
import numpy as np
```

步骤 2：获取数据集

Fashion-MNIST 数据集：训练数据 60 000 张，测试数据 10 000 张，共 70 000 张图片，大小都为 28×28 像素。

数据项包括T-shirt/top、Trouser、Pullover、Dress、Coat、Sandal、Shirt、Sneaker、Bag、Ankle boot。

tensorflow keras中封装了常用数据集datasets，可以直接加载读取其中的fashion_mnist数据集。

用x_train、y_train分别表示训练数据的输入特征和输出标签。

用x_test、y_test分别表示测试数据的输入特征和输出标签。

代码如下：

```
# 获取数据集
fashion=tf.keras.datasets.fashion_mnist
(x_train,y_train),(x_test,y_test)=fashion.load_data()
```

步骤3：显示部分数据集

代码如下：

```
class_names=['T-shirt/top','Trouser','Pullover','Dress','Coat','Sandal',
'Shirt','Sneaker','Bag','Ankle boot']
plt.figure(figsize=(10,10))
for i in range(25):
    plt.subplot(5,5,i+1)
    plt.xticks([])
    plt.yticks([])
    plt.grid(False)
    plt.imshow(x_train[i],cmap=plt.cm.binary)
    plt.xlabel(class_names[y_train[i]])
plt.show()
```

程序运行结果如图3-33所示。

图3-33　Fashion 部分数据集展示

步骤4：数据预处理

归一化处理：将每张图像中的每个像素值转换为0.0~1.0之间的浮点数。代码如下：

```
x_train,x_test=x_train/255.0,x_test/255.0
```

调整图片格式：给数据增加一个维度，使数据和网络结构匹配。代码如下：

```
x_train=x_train.reshape(x_train.shape[0],28,28,1)
x_test=x_test.reshape(x_test.shape[0],28,28,1)
```

步骤5：建立模型

构建模型结构：

①选择使用keras中的顺序模型Sequential来构建。
②卷积层：可配置滤波器数量、大小、激活函数等。
③池化层：可配置窗口大小，移动步长。
④压平层：将图像的格式从多维转为一维。
⑤全连接神经层，最后返回一个长度为10的数组。

代码如下：

```
model=tf.keras.models.Sequential([
    Conv2D(filters=6,kernel_size=(5,5),padding='same',activation='sigmoid'),
    # 卷积层
    MaxPool2D(pool_size=(2,2),strides=2,padding='same'), # 池化层
    Conv2D(filters=16,kernel_size=(5,5),activation='sigmoid'),
    MaxPool2D(pool_size=(2,2),strides=2),
tf.keras.layers.Flatten(),
tf.keras.layers.Dense(128,activation='relu'),
tf.keras.layers.Dense(10,activation='softmax')  ])
```

步骤6：编译模型

配置优化器为adam、损失函数为交叉熵损失、评价标准为准确率。代码如下：

```
model.compile(optimizer='adam',
loss=tf.keras.losses.SparseCategoricalCrossentropy(from_logits=False),
metrics=['sparse_categorical_accuracy'])
```

步骤7：模型训练

使用evaluate()函数去评估模型在测试集上的预测准确率。代码如下：

```
test_loss,test_acc=model.evaluate(x_test,y_test,verbose=2)
print('Test accuracy:',test_acc)
```

输出结果：

```
Test accuracy: 0.8859000205993652
```

步骤8：输出单个样本预测结果

配置处理好的训练集和验证集，批处理样本数为128，迭代轮数为20。代码如下：

```
# 测试集的预测结果的概率输出
predictions=model.predict(x_test)
i=2                                              # 序号
predictions_array=predictions[i]                 # 第i个样本概率输出
true_label=y_test[i]                             # 第i个样本真实结果
img=x_test[i]                                    # 第i个样本
plt.imshow(img,cmap=plt.cm.binary)               # 输出样本图像
predicted_label=np.argmax(predictions_array)     # 第i个样本预测结果对应的
                                                 # 类别标签
plt.xlabel("预测:{}\n真实:{}".format(class_names[predicted_label],
class_names[true_label]))
```

程序运行结果如图3-34所示，预测结果是正确的。

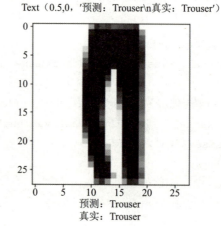

图3-34　步骤8的运行结果

任务三　使用全卷积神经网络实现宠物识别

本任务使用卷积神经网络进行图像分割，将基于TensorFlow 2.8搭建FCN网络，实现宠物图片的自动识别。

步骤1：导入相关包

完成本任务需要导入两个Python包：TensorFlow和matplotlib。代码如下：

```
import tensorflow as tf
import matplotlib.pyplot as plt
import numpy as np
import os
```

```
%matplotlib inline import glob
```

步骤2：获取数据集

代码如下：

```
!unzip -o -q data-sets/annotations.zip -d./
!unzip -o -q data-sets/images.zip -d ./
images=glob.glob('./*.jpg')                          #获取图片路径
images.sort(key=lambda x: x.split('/')[-1])
annotations=glob.glob('./trimaps/*.png')
annotations.sort(key=lambda x: x.split('/')[-1])
np.random.seed(2)                                    #设置随机种子
index=np.random.permutation(len(images))             #索引
images=np.array(images)[index]                       #对预处理数据乱序
anno=np.array(annotations)[index]                    #对目标乱序
dataset=tf.data.Dataset.from_tensor_slices((images,anno))   #构建数据集
test_count=int(len(images)*0.2)                      #使用百分之20作为测试数据
train_count=len(images)-test_count                   #训练数据构建
dataset_train=dataset.skip(test_count)               #跳过测试数据，剩下的是训练数据
dataset_test=dataset.take(test_count)                #取出测试数据
#读取jpg图片
def read_jpg(path):
    img=tf.io.read_file(path)
    img=tf.image.decode_jpeg(img,channels=3)
    return img
#读取png图片
def read_png(path):
    img=tf.io.read_file(path)
    img=tf.image.decode_png(img,channels=1)
    return img
```

步骤3：数据集归一化处理

代码如下：

```
#归一化操作
def normalize(input_image,input_mask):
    input_image=tf.cast(input_image,tf.float32)/127.5 - 1
    input_mask -= 1
    return input_image,input_mask
#加载图片
def load_image(input_image_path,input_mask_path):
```

```
input_image=read_jpg(input_image_path)
input_mask=read_png(input_mask_path)
input_image=tf.image.resize(input_image,(224,224))        #规范大小
input_mask=tf.image.resize(input_mask,(224,224))
input_image,input_mask=normalize(input_image,input_mask)
return input_image,input_mask
```

步骤4：制作与展示数据集

代码如下：

```
BATCH_SIZE=8
BUFFER_SIZE=100
STEPS_PER_EPOCH=train_count                #BATCH_SIZE
VALIDATION_STEPS=test_count                #BATCH_SIZE
train=dataset_train.map(load_image)
test=dataset_test.map(load_image)
train_dataset=train.cache().shuffle(BUFFER_SIZE).batch(BATCH_SIZE).repeat()
train_dataset=train_dataset.prefetch(buffer_size=tf.data.experimental.AUTOTUNE)
test_dataset=test.batch(BATCH_SIZE)
for img,mask in train_dataset.take(1):     #取一个bacth的图像
    plt.subplot(1,2,1)
    plt.imshow(tf.keras.preprocessing.image.array_to_img(img[0]))
    plt.subplot(1,2,2)
    plt.imshow(tf.keras.preprocessing.image.array_to_img(mask[0]))
```

程序运行结果如图3-35所示。

图3-35 步骤4的运行结果

步骤5：使用预训练网络

代码如下：

```
conv_base=tf.keras.applications.VGG16(
    weights='imagenet',
    input_shape=(224,224,3),      #输入尺寸
    include_top=False)
    conv_base.summary()           #展示模型整体架构
```

程序运行结果如图3-36所示。

```
Downloading data from https://storage.googleapis.com/tensorflow/keras-applications/vgg16/vgg16_weights_tf_dim_ordering_tf_kernels_notop.h5
58892288/58889256 [==============================] - 2s 0us/step
58900480/58889256 [==============================] - 2s 0us/step
Model: "vgg16"
_____
Layer (type)                 Output Shape              Param #
=================================================================
input_1 (InputLayer)         [(None, 224, 224, 3)]     0

block1_conv1 (Conv2D)        (None, 224, 224, 64)      1792

block1_conv2 (Conv2D)        (None, 224, 224, 64)      36928

block1_pool (MaxPooling2D)   (None, 112, 112, 64)      0

block2_conv1 (Conv2D)        (None, 112, 112, 128)     73856

block2_conv2 (Conv2D)        (None, 112, 112, 128)     147584

block2_pool (MaxPooling2D)   (None, 56, 56, 128)       0

block3_conv1 (Conv2D)        (None, 56, 56, 256)       295168

block3_conv2 (Conv2D)        (None, 56, 56, 256)       590080

block3_conv3 (Conv2D)        (None, 56, 56, 256)       590080

block3_pool (MaxPooling2D)   (None, 28, 28, 256)       0

block4_conv1 (Conv2D)        (None, 28, 28, 512)       1180160

block4_conv2 (Conv2D)        (None, 28, 28, 512)       2359808

block4_conv3 (Conv2D)        (None, 28, 28, 512)       2359808

block4_pool (MaxPooling2D)   (None, 14, 14, 512)       0

block5_conv1 (Conv2D)        (None, 14, 14, 512)       2359808

block5_conv2 (Conv2D)        (None, 14, 14, 512)       2359808

block5_conv3 (Conv2D)        (None, 14, 14, 512)       2359808

block5_pool (MaxPooling2D)   (None, 7, 7, 512)         0
=================================================================
Total params: 14,714,688
Trainable params: 14,714,688
Non-trainable params: 0
_____
```

图3-36 预训练模型结构

步骤6：对输出进行上采样（转置卷积）

代码如下：

```python
# 获取模型中间层的输出
layer_names=[
'block5_conv3',    #14x14
'block4_conv3',    #28x28
'block3_conv3',    #56x56
'block5_pool',]
# 通过名称获取每一层
layers=[conv_base.get_layer(name).output for name in layer_names]
# 创建特征提取模型
multi_out_model=tf.keras.Model(inputs=conv_base.input, outputs=layers)
# 使用预训练模型,不需要训练
multi_out_model.trainable=False
```

步骤7:FCN 模型搭建

代码如下:

```python
inputs=tf.keras.layers.Input(shape=(224,224,3))
o1, o2, o3, x=multi_out_model(inputs)
# 转置卷积
x1=tf.keras.layers.Conv2DTranspose(512, 3, padding='same', strides=2, activation='relu')(x)
x1=tf.keras.layers.Conv2D(512, 3, padding='same', activation='relu')(x1)
c1=tf.add(o1, x1)
x2=tf.keras.layers.Conv2DTranspose(512, 3, padding='same', strides=2, activation='relu')(c1)
x2=tf.keras.layers.Conv2D(512, 3, padding='same', activation='relu')(x2)
c2=tf.add(o2, x2)
x3=tf.keras.layers.Conv2DTranspose(256, 3, padding='same', strides=2, activation='relu')(c2)
x3=tf.keras.layers.Conv2D(256, 3, padding='same', activation='relu')(x3)
c3=tf.add(o3, x3)
x4=tf.keras.layers.Conv2DTranspose(128, 3, padding='same', strides=2, activation='relu')(c3)
x4=tf.keras.layers.Conv2D(128, 3, padding='same', activation='relu')(x4)
predictions=tf.keras.layers.Conv2DTranspose(3, 3, padding='same', strides=2, activation='softmax')(x4)
model=tf.keras.models.Model(inputs=inputs, outputs=predictions)
model.summary()
model.compile(optimizer='adam', loss='sparse_categorical_crossentropy', metrics=['accuracy'])   EPOCHS=1
```

部分输出结果如图3-37所示。

```
Model: "model_1"
_____
Layer (type)                    Output Shape         Param #     Connected to
==========================================================================================
input_2 (InputLayer)            [(None, 224, 224, 3  0           []
                                )]

model (Functional)              [(None, 14, 14, 512  14714688    ['input_2[0][0]']
                                ),
                                 (None, 28, 28, 512
                                ),
                                 (None, 56, 56, 256
                                ),
                                 (None, 7, 7, 512)]

conv2d_transpose (Conv2DTransp  (None, 14, 14, 512)  2359808     ['model[0][3]']
ose)

conv2d (Conv2D)                 (None, 14, 14, 512)  2359808     ['conv2d_transpose[0][0]']

tf.math.add (TFOpLambda)        (None, 14, 14, 512)  0           ['model[0][0]',
                                                                  'conv2d[0][0]']

conv2d_transpose_1 (Conv2DTran  (None, 28, 28, 512)  2359808     ['tf.math.add[0][0]']
spose)

conv2d_1 (Conv2D)               (None, 28, 28, 512)  2359808     ['conv2d_transpose_1[0][0]']

tf.math.add_1 (TFOpLambda)      (None, 28, 28, 512)  0           ['model[0][1]',
                                                                  'conv2d_1[0][0]']
```

图 3-37　FCN 模型结构

步骤 8：训练模型

代码如下：

```
history=model.fit(
    train_dataset,
    epochs=EPOCHS,
    steps_per_epoch=STEPS_PER_EPOCH,
    validation_steps=VALIDATION_STEPS,
    validation_data=test_dataset)
```

步骤 9：损失函数可视化展示

代码如下：

```
loss=history.history['loss']
```

```
val_loss=history.history['val_loss']
epochs=range(EPOCHS)
```

```
plt.figure()
plt.plot(epochs, loss, 'r', label='Training loss')
plt.plot(epochs, val_loss, 'bo', label='Validation loss')
plt.title('Training and Validation Loss')
plt.xlabel('Epoch')
plt.ylabel('Loss Value')
plt.ylim([0, 1])
plt.legend()
plt.show()
```

步骤10：模型测试与结果可视化

代码如下：

```
num=3
for image,mask in test_dataset.take(1):
    pred_mask=model.predict(image)
    pred_mask=tf.argmax(pred_mask, axis=-1)
    pred_mask=pred_mask[..., tf.newaxis]
    plt.figure(figsize=(10,10))
    for i in range(num):
        plt.subplot(num, 3, i*num+1)
        plt.imshow(tf.keras.preprocessing.image.array_to_img(image[i])) plt.subplot(num, 3, i*num+2)
        plt.imshow(tf.keras.preprocessing.image.array_to_img(mask[i]))
        plt.subplot(num, 3, i*num+3)
        plt.imshow(tf.keras.preprocessing.image.array_to_img(pred_mask[i]))
#模型保存
model.save('fcn.h5')
```

程序运行结果如图3-38所示。

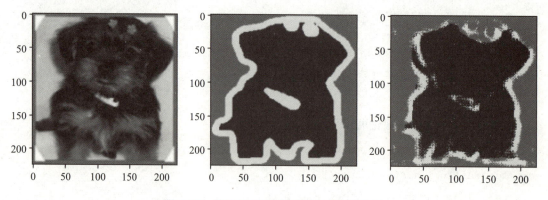

图3-38 使用FCN模型对宠物图像的分割

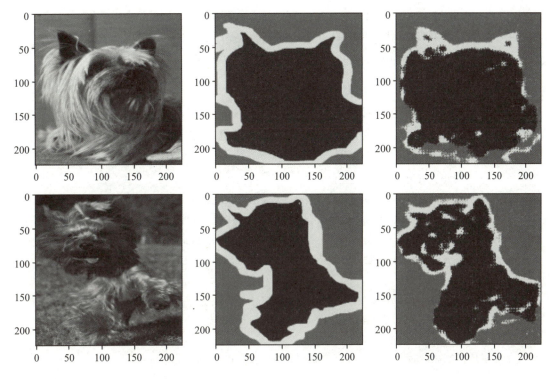

图 3-38 使用 FCN 模型对宠物图像的分割（续）

任务四 模型的存储与调用

本任务是对训练好的模型进行存储和调用，熟悉模型的保存形式。在本任务中，先使用 TensorFlow 训练 Fashion-MNIST 数据集，然后尝试使用不同的方式将模型保存下来，并学习这些存储方式有什么样的特点。

步骤 1：导入相关包

本任务先导入相关包。代码如下：

```
import tensorflow as tf
import os
import pandas
import numpy as np
import matplotlib.pyplot as plt
```

步骤 2：数据处理

Fashion-MNIST 数据集已经包含在了 TensorFlow 库中，可从 TensorFlow 库中加载数据集。代码如下：

```
# 获取数据集
(train_image,train_label),(test_image,test_label)=tf.keras.datasets.
```

```
fashion_mnist.load_data()
    #对图片的样本数据进行归一化处理
    train_image=train_image / 255test_image=test_image / 255
```

步骤3：构建模型及训练模型

本步骤先构建两层的全连接神经网络，再对模型进行配置，设置优化器为adam，损失函数设置为"交叉熵损失函数"，然后调用fit()函数训练模型。代码如下：

```
#构建神经网络模型
model=tf.keras.Sequential()
model.add(tf.keras.layers.Flatten(input_shape=(28,28)))
model.add(tf.keras.layers.Dense(128,activation='relu'))
model.add(tf.keras.layers.Dense(10,activation='softmax'))   #显示网络模型的架构
model.summary() #对模型进行配置
model.compile(
    optimizer='adam',
    loss='sparse_categorical_crossentropy',
    metrics=['acc']
) #训练模型 model.fit(train_image,train_label,epochs=5)
```

步骤4：模型整体保存

整个模型可以保存到一个HDF5文件中。其中包含如下内容：
①模型的结构，以便重构该模型。
②模型的权重。
③训练配置（损失函数，优化器等）。
④优化器的状态，以便于从上次训练中断的地方开始。

在Keras中保存完全可以正常使用的模型非常有用，可以在TensorFlow.JavaScript中加载，然后在网络浏览器中训练和运行。代码如下：

```
#保存模型
model.save('./less_model.h5')
```

保存模型之后，是为了预测新样本或者作为预训练模型使用。在使用时，需要加载模型。代码如下：

```
#加载已保存的模型
new_model=tf.keras.models.load_model('./less_model.h5')
#评估模型
eva_result=new_model.evaluate(test_image,test_label,verbose=0)
#0 表示不显示提示
print('evaluate result:',eva_result)
```

步骤5：仅保存模型结构

如果只对模型的架构感兴趣，而无须保存权重值或优化器，在这种情况下，可以仅保存模型的"配置"，这样将把模型序列化为json。代码如下：

```
# 将模型保存到json文件中
json_config=model.to_json()
```

加载json模型结构。代码如下：

```
# 从保存的json文件中载入模型
reinitialized_model=tf.keras.models.model_from_json(json_config)
reinitialized_model.summary()
```

步骤6：仅保存模型权重

如果只需要保存模型的权重，而对其他不感兴趣。在这种情况下，可以通过get_weights()获取权重值，保存在HDF5文件中。代码如下：

```
# 保存权重
weights=model.get_weights()
model.save_weights('./less_weights.h5')
print(weights)
```

相同结构的模型加载权重。代码如下：

```
# 如果提前初始化一个结构完全相同的模型，可以按下面方式直接加载
model.load_weights('./less_weights.h5')
```

不同结构的模型加载权重，如果需要加载权重到不同的网络结构（有些层一样）中，例如fine-tune或transfer-learning，可以通过层名字来加载模型。代码如下：

```
model2=tf.keras.Sequential()
model2.add(tf.keras.layers.Flatten(input_shape=(28,28)))
model2.add(tf.keras.layers.Dense(128,activation='relu'))
model2.add(tf.keras.layers.Dense(128,activation='relu'))
model2.add(tf.keras.layers.Dense(10,activation='softmax'))
model2.load_weights('./less_weights.h5',by_name=True)
model2.summary()
```

步骤7：在训练期间保存检查点

在训练期间或训练结束时自动保存检查点（checkpoint），这样一来，便可以使用经过训练的模型，而无须重新训练该模型，或从上次暂停的地方继续训练，以防训练过程中断。回调函数为tf.keras.callbacks.ModelCheckpoint()。代码如下：

```
checkpoint_path='./cp.ckpt'
cp_callback=tf.keras.callbacks.ModelCheckpoint(checkpoint_path, save_weights_only=True)
```

```
model=tf.keras.Sequential()
model.add(tf.keras.layers.Flatten(input_shape=(28,28)))
model.add(tf.keras.layers.Dense(128,activation='relu'))
model.add(tf.keras.layers.Dense(10,activation='softmax'))
model.summary()
model.compile(optimizer='adam',loss='sparse_categorical_crossentropy',metrics=['acc'])
model.fit(train_image,train_label,epochs=5,callbacks=[cp_callback])
# 在每个 epoch 后保存模型到 checkpoint_path 中
model.load_weights(checkpoint_path)
eva_result=model.evaluate(test_image,test_label,verbose=0)
# 0 表示不显示提示 print(eva_result)
```

任务五 基于 YOLO 模型实现目标检测

小派有时午休时间会看看新闻，最近他看到有的小区电梯里可以识别有无电动车进入，为了安全考虑，如果检测到有电动车进入电梯，则会发出提示音，禁止电动车乘电梯。于是小派开始了解物体检测相关知识，并且尝试动手实践实现相关的应用。

本任务将基于 YOLOv3 模型，实现一个物体检测的简单应用，在一张图片中，查看是否能检测到电动车。

步骤 1：解压资源包

在开始实训之前，运行下面的代码，将该案例需要的资源解压出来。解压后，在 ./yolov3 数据集目录下将看到需要的模型和测试图片等。代码如下：

```
!unrar x -inul -y data-sets/yolov3数据集.rar ./
```

步骤 2：导入相关包

加载必要包，这里用到 numpy、opencv（即代码中的 CV2）、os、time 以及 matplotlib。代码如下：

```
!unrar x -inul -y data-sets/yolov3数据集.rar ./
import numpy as np
import cv2 as cv
import os
import time
from matplotlib import pyplot as plt
```

步骤 3：读取待检测图片

在本步骤中，定义了 YOLO 数据集的路径、权重文件的路径、配置文件的路径、标签 label 的名称的路径、测试图像的路径。代码如下：

```
!unrar x -inul -y data-sets/yolov3数据集.rar ./
```

```
import numpy as np
import cv2 as cv
```

步骤4：设置置信度与非极大值抑制阈值

本步骤中过滤弱检测最小概率和非最大抑制阈值。代码如下：

```
CONFIDENCE=0.5    # 过滤弱检测的最小概率
THRESHOLD=0.4     # 非最大值抑制阈值
```

步骤5：加载网络、配置权重

代码如下：

```
# 利用下载的文件
net=cv.dnn.readNetFromDarknet(configPath,weightsPath)
# 可以打印下信息
print("[INFO] loading YOLO from disk... ")
```

步骤6：加载图片

将图片转为blob格式、送入网络输入层。代码如下：

```
img=cv.imread(imgPath)
#net 需要的输入是blob 格式的,用 blobFromImage 这个函数来转格式
blobImg=cv.dnn.blobFromImage(img,1.0/255.0,(416,416),None,True,False)
# 调用 setInput() 函数将图片送入输入层
net.setInput(blobImg)
```

步骤7：计算载入时间

将图片转为blob格式送入网络输入层。代码如下：

```
outInfo=net.getUnconnectedOutLayersNames()
# 记下开始的时间
start=time.time()
layerOutputs=net.forward(outInfo)
# 记下结束的时间
end=time.time()
print("[INFO] YOLO took{:.6f} seconds".format(end-start))
```

步骤8：定义相关变量

将图片转为blob格式送入网络输入层。代码如下：

```
(H,W)=img.shape[:2]
# 获取图片
shape boxes=[]
# 所有边界框
```

```
confidences=[]
# 所有置信度
classIDs=[]
# 所有分类 ID
```

步骤 9：过滤掉置信度低的框

将图片转为 blob 格式送入网络输入层。代码如下：

```
for out in layerOutputs:                    # 各个输出层
    for detection in out:                   # 各个框框
        scores=detection[5:]                # 各个类别的置信度
        classID=np.argmax(scores)           # 最高置信度的 id 即为分类 id
        confidence=scores[classID]          # 拿到置信度
# 根据置信度筛查
        if confidence > CONFIDENCE:
            box=detection[0:4]*np.array([W, H, W, H])
             (centerX, centerY, width, height)=box.astype("int")
            x=int(centerX-(width / 2))
            y=int(centerY-(height / 2))
            boxes.append([x, y, int(width), int(height)])
            confidences.append(float(confidence))
            classIDs.append(classID)
```

步骤 10：过滤掉置信度低的框

获取物体类别的名称，用于后续标记在图像上。代码如下：

```
with open(labelsPath,'rt') as f:
    labels=f.read().rstrip('\n').split('\n')
```

步骤 11：标记检测结果

将识别出的各个物体用框框出，并打上名称标记。代码如下：

```
# boxes 中，保留的 box 的索引 index 存入 idxs
idxs=cv.dnn.NMSBoxes(boxes, confidences, CONFIDENCE, THRESHOLD)
```

步骤 12：显示图像

输出图像，结果如图 3-39 所示，并显示图像中各物体的标记结果和对应的概率值。代码如下：

```
img3=img[:, :, ::-1]
plt.figure(figsize=(20, 20))
plt.imshow(img3)
plt.show()
```

图 3-39　YOLO 模型实现对电动车的检测

测　验

1. (　　)是计算机视觉的应用。

   A. 目标检测

   B. 目标分割

   C. 语音转换为文字

   D. 中英文翻译

2. 在典型的卷积神经网络中，能看到的是(　　)。

   A. 多个卷积层后面跟着的是一个池化层

   B. 多个池化层后面跟着的是一个卷积层

   C. 全连接层（FC）位于最后的几层

   D. 全连接层位于开始的几层

3. 下面(　　)卷积层主要用于图像的空间卷积。

   A. 一维卷积

   B. 二维卷积

   C. 三维卷积

   D. 四维卷积

4. 增加卷积核的大小对于改进卷积神经网络的效果(　　)。

   A. 必要

   B. 不必要

5. 下列(　　)函数不可以做隐藏层激活函数。

   A. y=tanh（x）

   B. y=2x

   C. y=sigmoid（x）

   D. y=max（x，0）

6. 调用 TensorFlow 库中的 keras 模块构建一个神经网络模型,命名为 build_conv,并在模型中增加一个卷积层。

要求:

(1)构建的卷积层参数:卷积核个数为 6;卷积核尺寸为 5×5;使用全零填充;输入的特征图的维度(64,64,3),命名为 conv2D。

(2)调用 summary() 函数输出该神经网络模型的架构,输出样式如图 3-40 所示。

```
Model:"build_conv"
_____
Layer(type)              Output Shape              Param #
=================================================================
conv2D(Conv2D)           (None,64,64,6)            456
_____
Total params:456
Trainable params:456
Non-trainable params:0
```

图 3-40　神经网络模型的架构

项目三　卷积神经网络实战

项目总结

根据项目要求完成所有任务，填写任务分配表和任务报告表。

任务分配表

班级		组号		指导老师	
组长		学号		成员数量	
组长任务					
组员姓名	学号		任务分工		

任务报告表

学生姓名		学号		班级		
实施地点		实施日期	20____年____月____日			
任务类型	□演示性	□验证性	综合性	□设计研究	□其他	
任务名称						

一、任务中涉及的知识点

二、任务实施环境

三、实施报告（包括实施内容、实施过程、实施结果、所遇到的问题、采用的解决方法、心得反思等）

小组互评			
教师评价		日期	

项目四

循环神经网络实战

项目概述

本项目将重点练习神经网络中的典型模型之一——循环神经网络。由于循环神经网络的特性，它比较适用于处理序列问题，所以在自然语言处理领域有着广泛的应用。本项目包含五个任务：通过任务一搭建一个简单的循环神经网络；通过任务二搭建一个 LSTM 网络；通过任务三动手尝试模拟学习率的衰减；通过任务四和任务五分别动手实现一个自然语言处理领域的应用，即使用循环神经网络模型实现垃圾邮件的自动检测和纯音乐的自动生成。

项目目标

知识目标：
- 了解自然语言处理。
- 熟悉自然语言处理的应用场景。
- 熟悉循环神经网络的基本结构。

技能目标：
- 能够基于 TensorFlow.keras 搭建循环神经网络。
- 能够熟练设置循环神经网络中的超参数。

素质目标：
- 提高网络安全意识。
- 保持学习的积极性。

知识链接

1. 自然语言处理

自然语言是人类发展过程中形成的一种信息交流的方式，包括口语及书面语，反映了人类的思维，都是以自然语言的形式表达。

自然语言处理（natural language processing，NLP）是让计算机处理或"理解"自然语言。它是人工智能的一个分支。

自然语言处理其实是语言学和计算机科学的交叉学科，语言学方面主要涉及词法、句法、语用、语义等。计算机科学方面会涉及统计理论、机器学习、优化方法以及数据可视化、深度学习等，它们交叉起来称为计算语言学，也就是以计算的方法来处理语言。语言是人类长期进化来的一种能力，是人类自然的一种交互方式。所以，假如机器能够非常准确、全面地理解我们的语义，那么人机交互的方式肯定会发生一个非常革命性的变化。

图4-1所示为自然语言处理的一般结构，也是要研究的底层内容。左侧是语法层面的模块，包括分词、词性标注和句法解析；右侧偏重语义层面的理解。

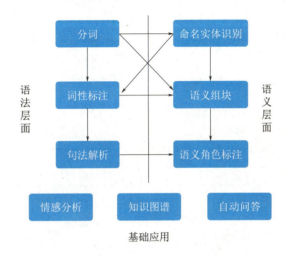

图 4-1 自然语言处理的一般结构

分词就是将连续的字序列按照一定的规范重新组合成词序列的过程。

词性标注是指对每个词按词性分类，《信息处理用现代汉语分词规范》和传统的语法教育中将汉语的词性主要分为13种：名词、动词、代词、形容词、数词、量词、副词、介词、连词、助词、语气词、叹词和象声词。词性标注是很多NLP任务的预处理步骤（如句法分析），经过词性标注后的文本会带来很大的便利性，但也不是不可或缺的步骤。

句法分析在自然语言处理中起着承上启下的作用，句法分析是在句子分词之后，对分词后的句子成分之间的关系进一步进行分析，将句子成分中短语成分使用树状或依存关系的形式表示出来。不论是汉语，还是其他少数民族语言，句法分析原理基本一致，但各语言间存在特殊的语法结构，因此在短语结构句法分析研究中，需要结合语言特点进行句法分析研究。短语结构句法分析主要研究的是将句子中的成分使用标记集进行标注。标记集一般分为词性标记，如名词（N）、动词（V）和短语类型标记[如名词短语（NP）、介词短语（PP）]。短语结构句法分析的结果一般使用树状结构进行表示，例如，图4-2所示为一个英文句子的句法分析树。

在句法分析中，还有一种比较常见的分析方法：依存句法分析。依存句法分析并不关注短语成分，而是直接关注词本身以及词之间的二元依存关系。图4-3所示为一个中文句子依存句法分析结果。其中，词的序号和词性标注在每个词的下面，rr表示代词，t表示时间词，p表示介词，ns表示名词性地名，rz表示代词性指示词，n表示名词，v表示动词。

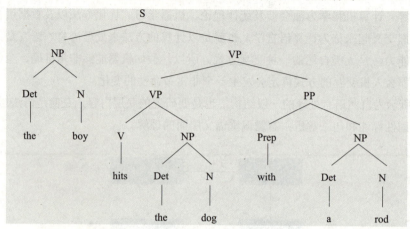

图 4-2　英文句子的句法分析树

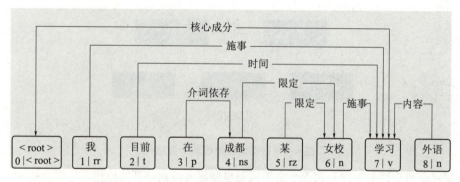

图 4-3　中文句子依存句法分析结果

命名实体识别（named entity recognition，NER）是将文本中的元素分成预先定义的类，如人名、地名、机构名、时间、货币等。命名实体识别属于文本信息处理的基础的研究领域，是信息抽取、信息检索、机器翻译、问答系统等多种自然语言处理技术中必不可少的组成部分。

语义组块分析技术是自然语言处理中浅层语义分析和句法分析的代表，旨在解释自然语言中语法和语义之间的关联。组块的长度介于句子和单词之间，在各种自然语言中有着不同的划分。

语义角色标注（semantic role labeling，SRL）是一种浅层的语义分析技术，标注句子中某些短语为给定谓词的论元（语义角色），如施事、受事、时间和地点等。其能够对问答系统、信息抽取和机器翻译等应用产生推动作用。

2. 自然语言处理的应用场景

自然语言处理技术的主流应用如下：

①聊天机器人：这是NLP相对普遍的应用，为简单的客户问题提供虚拟帮助，减轻人力，提高效率。

②机器翻译：可以将文本从一种语言转换为另一种语言，在出国旅游或业务交流中，帮助众多人或企业突破语言障碍。

③社交媒体监控：通过NLP技术挖掘文本中存在的情感倾向、潜在情绪等。对于公司，可以分析用户在社交媒体的言论，了解客户对产品的看法；对于政府，可以使用它来识别与国家安全相关的潜在威胁。

④语音助手：也是NLP技术的流行应用。广泛用于智能家居和办公设备，可以简化日常事务。目前虚拟助手被越来越多的人所使用，并且在互动的过程中也能越来越了解人的偏好和兴趣。

近年来，深度学习方法极大地推动了自然语言处理领域的发展。几乎在所有的NLP任务中都能看到深度学习技术的应用，并且在很多的任务中，深度学习方法的表现大大超过了传统方法。可以说，深度学习方法给NLP带来了一场重要的变革。图4-4所示为自然语言处理技术的发展变化。

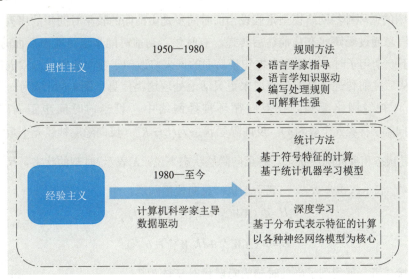

图 4-4　自然语言处理技术的发展变化

3. 循环神经网络及其变体

目前，在自然语言处理相关的任务中，深度学习是主流的实现方法，如文本分类、文本摘要、文本翻译、语音识别等。循环神经网络（recurrent neural network，RNN）是深度学习应用在自然语言处理领域初期使用最广泛的神经网络，是一种适宜于处理序列数据的神经网络。

一个简单的循环神经网络，由输入层、隐藏层和输出层组成，如图4-5所示。

如果把图中W处带箭头的弧线去掉，就变成了最普通的全连接神经网络。

在普通的全连接神经网络模型中，是从输入层到隐藏层再到输出层，层与层之间是全连接的，而层之间的节点（神经元）是无连接的。所以，这种普通的神经网络对于很多问题无能无力。例如，要预测句子的下一个单词是什么，一般需要用到前面的单词，因为一个句子中前后单词并不是独立的。循环神经网络就可以解决这类问题。

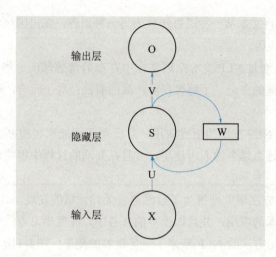

图 4-5　简单的循环神经网络

上面介绍的循环神经网络模型是假设当前时间步是由前面的较早时间步的序列决定的，因此它们都将信息通过隐藏状态从前往后传递。有时候，当前时间步也可能由后面时间步决定。例如，当写下一个句子时，可能会根据句子后面的词来修改句子前面的用词。双向循环神经网络通过增加从后往前传递信息的隐藏层来更灵活地处理这类信息。图 4-6 所示为一个含单隐藏层的双向循环神经网络架构。在双向循环神经网络中，设当前时间步正向隐层状态为 $\overrightarrow{H_t} \in R^{nh}$（正向隐层神经元个数为 h），反向隐层状态为 $\overleftarrow{H_t} \in R^{nh}$（反向隐层神经元个数为 h）。分别计算正向隐层状态和反向隐层状态。对正向隐层状态来说：X_t 表示 t 时刻的状态，$\overrightarrow{H_{t-1}}$ 表示 $t-1$ 时刻的状态，$W_{xh}^{(f)}$ 表示权重参数，$b_h^{(f)}$ 表示偏执；反向传播同理。

$$\overrightarrow{H_t} = \Phi(X_t W_{xh}^{(f)} + \overrightarrow{H_{t-1}} W_{xh}^{(f)} + b_h^{(f)})$$

$$\overleftarrow{H_t} = \Phi(X_t W_{xh}^{(b)} + \overleftarrow{H_{t-1}} W_{xh}^{(b)} + b_h^{(b)})$$

然后连接二者，就得到了当前时刻的隐层状态 $H_t \in R^{n \cdot 2h}$。

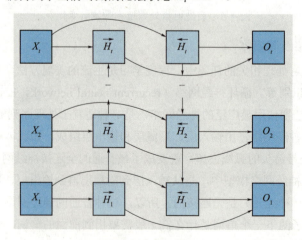

图 4-6　双向循环神经网络架构

由于普通RNN在训练过程中会出现梯度消失或梯度爆炸的情况，长短期记忆模型（long short-term memory，LSTM）算是在RNN基础上的一个改进，尽量缓解梯度消失或梯度爆炸。所谓梯度消失，就是梯度的计算涉及连乘，而激活函数的偏导就是连乘的一部分。假设这一部分的值小于1，那么随着时间越来越长，这部分的值在向后传播时也会逐渐接近0。类似的，当连乘中的权重参数大于1时，随着时间越来越长，累乘的结果越来越大，最终会导致梯度爆炸。

LSTM中引入了三个门，即输入门（input gate）、遗忘门（forget gate）和输出门（output gate），以及与隐藏状态形状相同的记忆细胞，从而记录额外的信息。LSTM模型结构如图4-7所示。

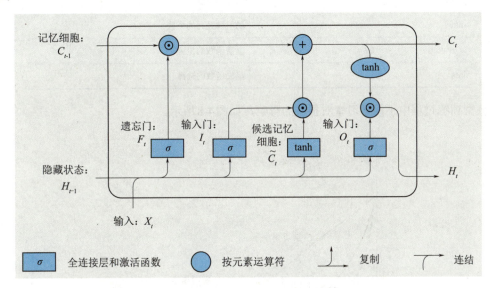

图 4-7　LSTM 模型结构

可以通过元素值域在[0，1]的输入门、遗忘门和输出门来控制隐藏状态中信息的流动，一般是通过使用按元素乘法（符号为⊙）来实现的。

①遗忘门：控制上一时间步的记忆细胞C_{t-1}中的信息是否传递到当前时间步。

②输入门：控制当前时间步的输入X_t通过候选记忆细胞$\tilde{C}_t$如何流入当前时间步的记忆细胞。如果遗忘门一直近似1且输入门一直近似0，过去的记忆细胞将一直通过时间保存并传递至当前时间步。这个设计可以应对循环神经网络中的梯度衰减问题，并更好地捕捉时间序列中时间步距离较大的依赖关系。

③输出门：控制从记忆细胞到隐藏状态H_t的信息流动。这里的tanh激活函数确保隐藏状态元素值在-1~1之间。需要注意的是，当输出门近似1时，记忆细胞信息将传递到隐藏状态供输出层使用；当输出门近似0时，记忆细胞信息只自己保留。

④ 学习率及一般配置：在"前向传播与反向传播"内容中，学习率对于深度学习是一个重要的超参数，它控制着基于损失梯度调整神经网络权重的速度。学习率越小，损失梯度下降的速度越慢，收敛的时间越长；如果学习率过大，梯度下降的步子过大可能会跨过最优值。

在神经网络中，除了权重和偏置等模型参数外，超参数也是一个很常见且重要的参数，它是需要人为设置的一些参数。神经网络中常见的超参数见表4-1。

表4-1 神经网络中的超参数

参　　数	含　　义
learning_rate	学习率
alpha	正则化系数
L	神经网络层数
epoch	训练的轮数
dim	隐层神经元的个数
activation	激活函数的位置
loss	损失函数的选择

模型训练过程中不同学习率对损失的影响，如图4-8所示。

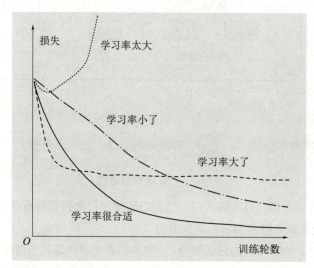

图4-8 不同学习率对损失的影响

一般来说，训练的整个过程并不是使用一个固定的学习率，而是随着时间的推移让学习率动态变化。例如，刚开始训练时，离最优值还很远，那么可以使用较大的学习率使损失减少得快一点。当快接近最优值时，为避免跨过最优值，速度要放缓，就要使用较小的学习率进行训练。在实际情况下，由于不知道最优值在哪里，是什么值，所以具体的解决办法是：在每次迭代后，可以通过查看使用估计的模型的参数所对应的损失值，如果相对于上一次迭代，损失减少了，就可以增大学习率，否则适当减小学习率。这是一种学习率自适应调节的方法。

学习率设置的一般方法如下：

①根据经验设置，通过尝试不同的固定学习率，如1、0.5、0.1、0.05、0.01、0.005、0.005、

0.0001、0.00001等，并观察迭代轮数与损失之间的变化。
- 太小：当训练很长时间时，如果损失一直没什么变化，可将学习率适当调大。
- 太大：当损失值逐渐增大，直到无穷大变成NAN时，可将学习率适当调小。
- 当损失值下降一段时间后，不再降低，可适当降低学习率。

②自适应的学习率衰减算法：为了让损失函数能够更快地收敛，不同时期采用不同的学习率。TensorFlow中可使用的自适应学习率的优化算法有Adam、AdaGrad、AdaDelta、RMSProp。

任务一　搭建一个循环神经网络

本任务将练习如何基于TensorFlow中的Keras模块搭建循环神经网络。

步骤1：导入相关包

导入TensorFlow中的Keras模块。代码如下：

```
import tensorflow.keras as kr
```

步骤2：初始化一个顺序模型

代码如下：

```
model=kr.Sequential()
```

步骤3：向模型中添加RNN层

在Keras中有四种类型的RNN：SimpleRNN（全连接的简单RNN）、LSTM（长短时记忆模型）、GRU（门控逻辑模型）、StackedRNNCells（堆叠模型）。

本步骤将添加最基本的SimpleRNN。需要注意的是，该神经网络层其隐藏层到输出层之间是没有权重的，即最后时刻隐藏层的输出即为最终的输出。

函数原型如下：

```
SimpleRNN(units,activation='tanh',use_bias=True,kernel_initializer='glorot_uniform',
    recurrent_initializer='orthogonal',bias_initializer='zeros',
    kernel_regularizer=None,recurrent_regularizer=None,bias_regularizer=None,
    activity_regularizer=None,kernel_constraint=None,recurrent_constraint=None,
    bias_constraint=None,dropout=0.0,recurrent_dropout=0.0,
    return_sequences=False,return_state=False,go_backwards=False,stateful=False,
    unroll=False)
```

参数说明：
- units: RNN输出的维度。
- activation: 激活函数，默认为tanh。

- dropout: 0到1之间的浮点数，控制输入线性变换的神经元失活的比例。
- recurrent_dropout：0到1之间的浮点数，控制循环状态的线性变换的神经元失活比例。
- return_sequences: True返回整个序列，False返回输出序列的最后一个输出，当模型为深层模型时设为True。
- 模型添加Simple RNN的方法如下：

```
model.add(kr.layers.SimpleRNN(20, input_shape=(None, 50)))
```

步骤4：向模型中添加全连接层

全连接层函数原型：

```
Dense(
    units, activation=None, use_bias=True, kernel_initializer='glorot_uniform',
    bias_initializer='zeros', kernel_regularizer=None, bias_regularizer=None,
    activity_regularizer=None, kernel_constraint=None, bias_constraint=None)
```

添加代码如下：

```
model.add(kr.layers.Dense(2, activation='softmax'))
```

步骤5：输出模型结构

代码如下：

```
model.summary()
```

输出结果如图4-9所示。

```
Model:"sequential"
_____
Layer（type）                    Output Shape              Param #
=================================================================
simple_rnn（SimpleRNN）          (None, 20)                1420

dense（Dense）                   (None, 2)                 42
=================================================================
Total params:1,462
Trainable params:1,462
Non-trainable params:0
```

图4-9 模型结构

任务二 搭建一个 LSTM 网络

步骤 1：导入相关包

代码如下：

```
import tensorflow.keras as kr
```

步骤 2：初始化顺序模型

代码如下：

```
model=kr.Sequential()
```

步骤 3：向模型中添加 LSTM 层

函数原型如下：

```
LSTM(
    units, activation='tanh', recurrent_activation='sigmoid', use_bias=True,
    kernel_initializer='glorot_uniform', recurrent_initializer='orthogonal',
    bias_initializer='zeros', unit_forget_bias=True, kernel_regularizer=None,
    recurrent_regularizer=None, bias_regularizer=None, activity_regularizer=None,
    kernel_constraint=None, recurrent_constraint=None, bias_constraint=None,
    dropout=0.0, recurrent_dropout=0.0, implementation=2, return_sequences=False,
    return_state=False, go_backwards=False, stateful=False, time_major=False,
    unroll=False)
```

主要设置以下几个参数：units——隐层神经元个数；activation——激活函数；return_sequences 默认为 False。当为 False 时，返回最后一层最后一个步长的隐藏状态；当为 True 时，返回最后一层的所有隐藏状态。通常在多层 LSTM 中，最后一个 LSTM 层的 return_sequences 为 False，非最后一层为 True。

代码如下：

```
model.add(kr.layers.LSTM(32, input_shape=(2,3),
activation='relu', return_sequences=True))
```

步骤 4：向模型中添加全连接层

全连接层函数原型：

```
Dense(
    units, activation=None, use_bias=True, kernel_initializer='glorot_uniform',
    bias_initializer='zeros', kernel_regularizer=None, bias_regularizer=None,
    activity_regularizer=None, kernel_constraint=None, bias_constraint=None)
```

添加代码如下：

```
model.add(kr.layers.Dense(2,activation='softmax'))
```

步骤5：输出模型结构

代码如下：

```
model.summary()
```

输出结果如图4-10所示。

Model:"sequential"		
Layer（type）	Output Shape	Param #
lstm（LSTM）	(None,2,32)	4608
dense（Dense）	(None,2,256)	8448

Total params:13,056
Trainable params:13,056
Non-trainable params:0

图 4-10　模型结构

任务三　学习率衰减实践

步骤1：导入相关包

代码如下：

```
import tensorflow as tf
from matplotlib import pyplot as plt
import numpy as np
```

步骤2：参数初始化

代码如下：

```
epoch=40  #迭代批次数
LR_BASE=0.2   #最初学习率
LR_DECAY=0.99   #学习率衰减率
LR_STEP=1   #迭代多少轮
BATCH_SIZE后,更新一次学习率
```

步骤3：记录学习率的衰减过程

在训练过程中，让学习率以指定公式进行衰减变换。代码如下：

```
lr_repo=[]
```

```
lr_repo.append(LR_BASE)
w=tf.Variable(tf.constant(5,dtype=tf.float32))
for epoch in range(epoch):
    lr=LR_BASE*LR_DECAY**(epoch/LR_STEP)   #指数衰减公式
    lr_repo.append(lr)
    with tf.GradientTape() as tape:   #with结构到grads框起了梯度的计算过程
        loss=tf.square(w+1)
    grads=tape.gradient(loss,w)    #gradient函数告知谁对谁求导
    w.assign_sub(lr*grads)   #assign_sub 对变量做自减 即：w-=lr*grads
    print("在%s次迭代以后,w=%f,损失函数=%f,lr=%f"%(epoch,w.numpy(),loss,lr))
```

程序运行结果：

```
在 0 次迭代以后,w=2.600000,损失函数=36.000000,lr=0.200000
在 1 次迭代以后,w=1.174400,损失函数=12.959999,lr=0.198000
在 2 次迭代以后,w=0.321948,损失函数=4.728015,lr=0.196020
在 3 次迭代以后,w=-0.191126,损失函数=1.747547,lr=0.194060
在 4 次迭代以后,w=-0.501926,损失函数=0.654277,lr=0.192119
在 5 次迭代以后,w=-0.691392,损失函数=0.248077,lr=0.190198
在 6 次迭代以后,w=-0.807611,损失函数=0.095239,lr=0.188296
在 7 次迭代以后,w=-0.879339,损失函数=0.037014,lr=0.186413
在 8 次迭代以后,w=-0.923874,损失函数=0.014559,lr=0.184549
在 9 次迭代以后,w=-0.951691,损失函数=0.005795,lr=0.182703
在 10 次迭代以后,w=-0.969167,损失函数=0.002334,lr=0.180876
在 11 次迭代以后,w=-0.980209,损失函数=0.000951,lr=0.179068
在 12 次迭代以后,w=-0.987226,损失函数=0.000392,lr=0.177277
在 13 次迭代以后,w=-0.991710,损失函数=0.000163,lr=0.175504
在 14 次迭代以后,w=-0.994591,损失函数=0.000069,lr=0.173749
在 15 次迭代以后,w=-0.996452,损失函数=0.000029,lr=0.172012
在 16 次迭代以后,w=-0.997660,损失函数=0.000013,lr=0.170292
在 17 次迭代以后,w=-0.998449,损失函数=0.000005,lr=0.168589
在 18 次迭代以后,w=-0.998967,损失函数=0.000002,lr=0.166903
在 19 次迭代以后,w=-0.999308,损失函数=0.000001,lr=0.165234
在 20 次迭代以后,w=-0.999535,损失函数=0.000000,lr=0.163581
在 21 次迭代以后,w=-0.999685,损失函数=0.000000,lr=0.161946
在 22 次迭代以后,w=-0.999786,损失函数=0.000000,lr=0.160326
在 23 次迭代以后,w=-0.999854,损失函数=0.000000,lr=0.158723
在 24 次迭代以后,w=-0.999900,损失函数=0.000000,lr=0.157136
在 25 次迭代以后,w=-0.999931,损失函数=0.000000,lr=0.155564
在 26 次迭代以后,w=-0.999952,损失函数=0.000000,lr=0.154009
```

在 27 次迭代以后，w=-0.999967，损失函数=0.000000，lr=0.152469
在 28 次迭代以后，w=-0.999977，损失函数=0.000000，lr=0.150944
在 29 次迭代以后，w=-0.999984，损失函数=0.000000，lr=0.149434
在 30 次迭代以后，w=-0.999989，损失函数=0.000000，lr=0.147940
在 31 次迭代以后，w=-0.999992，损失函数=0.000000，lr=0.146461
在 32 次迭代以后，w=-0.999994，损失函数=0.000000，lr=0.144996
在 33 次迭代以后，w=-0.999996，损失函数=0.000000，lr=0.143546
在 34 次迭代以后，w=-0.999997，损失函数=0.000000，lr=0.142111
在 35 次迭代以后，w=-0.999998，损失函数=0.000000，lr=0.140690
在 36 次迭代以后，w=-0.999999，损失函数=0.000000，lr=0.139283
在 37 次迭代以后，w=-0.999999，损失函数=0.000000，lr=0.137890
在 38 次迭代以后，w=-0.999999，损失函数=0.000000，lr=0.136511
在 39 次迭代以后，w=-0.999999，损失函数=0.000000，lr=0.135146

步骤 4：结果可视化

代码如下：

```
x=np.arange(0,41,1)
plt.plot(x,lr_repo)
plt.title('学习率衰减')
plt.xlabel('迭代次数')
plt.ylabel('学习率')
plt.show()
```

程序运行结果如图 4-11 所示。

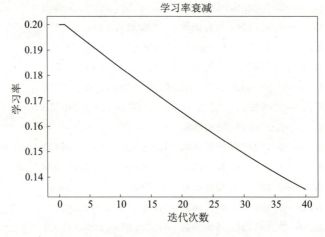

图 4-11　学习率衰减

任务四　使用循环神经网络实现垃圾邮件检测

本任务将基于 TensorFlow.keras 搭建循环神经网络模型，并使用邮件数据集训练模型实现对垃圾邮件的自动检测。实现思路如图4-12所示。

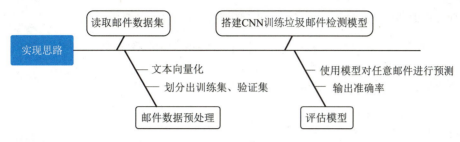

图 4-12　垃圾邮件检测实现思路

步骤 1：解压邮件数据集

该数据集中有 1 000 封做了标注（是否是垃圾邮件）的真实邮件内容，以此来训练二分类模型。代码如下：

```
!unzip -q -o ./data-sets/SpamClassification_train_1000.zip -d ./
```

步骤 2：导入相关包

主要需要导入的包如下：

①pickle 包用于加载 pkl 数据集。
②sklearn 包用于数据集划分和预处理。
③tensorflow.keras 包用于构建神经网络模型。
④matplotlib 包用于画图显示模型训练的过程曲线。

代码如下：

```
from sklearn.model_selection import train_test_split
from sklearn.preprocessing import LabelEncoder
import tensorflow.keras as kr
from collections import Counter
import random
import numpy as np
import pickle
import matplotlib.pyplot as plt
```

步骤 3：读取邮件数据集

代码如下：

```
with open('./mailContent_list_1000.pickle','rb') as file:
    content_list=pickle.load(file)
# 读取邮件内容
with open('./mailLabel_list_1000.pickle','rb') as file:
    label_list=pickle.load(file)
# 读取每一封邮件对应的标签
```

步骤4：邮件数据预处理

① 划分出训练集和测试集。测试集大小使用默认值，自动设置成0.25。

```
train_x,test_x,train_y,test_y=train_test_split(content_list,label_list,random_state=1234)
```

② 建立词表。代码如下：

```
counter=Counter(''.join(content_list))
# 统计每一个字的出现频率
vocabulary_list=['PAD']+[k[0] for k in counter.most_common()]
# 按出现频率从小到大排列构成词汇表，其中PAD用于补充文本长度的字符
vocab_size=len(vocabulary_list)
# 词汇表的大小
word2id_dict=dict([(b,a) for a,b in enumerate(vocabulary_list)])
# 构建词-id的映射
```

③ 输入/输出文本向量化。此步骤主要是将输入文本对照词汇表转化为id序列，另外，当遇到文本长度不够指定长度seq_length的时候需要做填充处理。使用pad_sequences()函数将文本序列转化为长度为seq_length的新序列。代码如下：

```
# 将标签ham和spam转为0和1,1表示垃圾邮件
label_encoder=LabelEncoder()
label_encoder.fit(train_y)
seq_length=1000
def content2X(content_list):
    idlist_list=[[word2id_dict[word] for word in content if word in word2id_dict] for content in content_list]
    #pad_sequences()函数将文本序列转化为长度为seq_length的新序列
    X=kr.preprocessing.sequence.pad_sequences(idlist_list,seq_length)
    return X
def label2Y(label_list):
    return label_encoder.transform(label_list)
def get_data():
    return(content2X(train_x),label2Y(train_y),content2X(test_x),label2Y(test_y))
train_X,train_Y,test_X,test_Y=get_data()
```

④ 将list（列表）数据转化为array（数组）。代码如下：

```
train_X=np.array(train_X)
train_Y=np.array(train_Y)
test_X=np.array(test_X)
test_Y=np.array(test_Y)
```

步骤 5：搭建循环神经网络

①初始化顺序模型。Keras 中有两类模型：Sequential 顺序模型和 Model 类模型，顺序模型是多个网络层的线性堆叠，更加简洁。

②添加 Embedding 层。Embedding 层即嵌入层，将正整数（文本的索引序列）转换为固定尺寸的稠密向量，它只能作为模型的第一层。

主要参数：

• input_dim：词汇表大小。

• output_dim：词向量的维度。

• input_length：输入数据的长度。因为输入数据会做 padding（边缘填充）处理，所以一般定义的是 max_length；输入尺寸为（batch_size，input_length）的 2D 张量；输出尺寸为（batch_size，input_length，output_dim）的 3D 张量。

③添加 LSTM 层：即长短期记忆网络层。主要参数：units（正整数），输出空间的维度；activation 要使用的激活函数；dropout，在 0 和 1 之间的浮点数。单元的丢弃比例，用于输入的线性转换。

④添加 Dense 层：即全连接层。主要参数：units（正整数），输出空间维度，对于分类任务，对应地输出维度为类别数；activation，激活函数，'softmax' 一般用在输出层。在第一层之后，可以不指定输入的尺寸。

代码如下：

```
model=kr.Sequential()
embedding_dim=64        #词向量维度
model.add(kr.layers.Embedding(vocab_size,embedding_dim))
model.add(kr.layers.LSTM(units=256))
num_classes=np.unique(train_y + test_y).shape[0]
model.add(kr.layers.Dense(num_classes,activation='softmax'))
```

步骤 6：训练模型

代码如下：

```
model.compile(optimizer=kr.optimizers.Adam(0.01),
loss=kr.losses.SparseCategoricalCrossentropy(from_logits=False),
metrics=['sparse_categorical_accuracy'])
history=model.fit(train_X,train_Y,batch_size=32,epochs=20)
model.save('model.h5')
```

输出结果：

```
Epoch 1/20
24/24 [==============================] - 34s 1s/step - loss: 0.7635 - sparse_categorical_accuracy: 0.7453
Epoch 2/20
```

```
24/24 [==============================] - 33s 1s/step - loss: 0.6860 - sparse_categorical_accuracy: 0.6880
    Epoch 3/20
    24/24 [==============================] - 33s 1s/step - loss: 0.4082 - sparse_categorical_accuracy: 0.8440
    Epoch 4/20
    24/24 [==============================] - 33s 1s/step - loss: 0.2031 - sparse_categorical_accuracy: 0.9307
    Epoch 5/20
    24/24 [==============================] - 33s 1s/step - loss: 0.1558 - sparse_categorical_accuracy: 0.9507
    Epoch 6/20
    24/24 [==============================] - 33s 1s/step - loss: 0.1001 - sparse_categorical_accuracy: 0.9760
    Epoch 7/20
    24/24 [==============================] - 33s 1s/step - loss: 0.0910 - sparse_categorical_accuracy: 0.9747
    Epoch 8/20
    24/24 [==============================] - 33s 1s/step - loss: 0.0790 - sparse_categorical_accuracy: 0.9787
    Epoch 9/20
    24/24 [==============================] - 33s 1s/step - loss: 0.0389 - sparse_categorical_accuracy: 0.9907
    Epoch 10/20
    24/24 [==============================] - 33s 1s/step - loss: 0.0399 - sparse_categorical_accuracy: 0.9867
    Epoch 11/20
    24/24 [==============================] - 33s 1s/step - loss: 0.0891 - sparse_categorical_accuracy: 0.9733
    Epoch 12/20
    24/24 [==============================] - 33s 1s/step - loss: 0.0357 - sparse_categorical_accuracy: 0.9893
    Epoch 13/20
    24/24 [==============================] - 33s 1s/step - loss: 0.0407 - sparse_categorical_accuracy: 0.9867
    Epoch 14/20
    24/24 [==============================] - 33s 1s/step - loss: 0.0203 - sparse_categorical_accuracy: 0.9933
    Epoch 15/20
```

```
24/24 [==============================] - 33s 1s/step - loss: 0.0075 - sparse_categorical_accuracy: 0.9987
    Epoch 16/20
24/24 [==============================] - 34s 1s/step - loss: 0.0064 - sparse_categorical_accuracy: 0.9987
    Epoch 17/20
24/24 [==============================] - 33s 1s/step - loss: 0.0018 - sparse_categorical_accuracy: 1.0000
    Epoch 18/20
24/24 [==============================] - 33s 1s/step - loss: 8.9670e-04 - sparse_categorical_accuracy: 1.0000
    Epoch 19/20
24/24 [==============================] - 33s 1s/step - loss: 5.4166e-04 - sparse_categorical_accuracy: 1.0000
    Epoch 20/20
24/24 [==============================] - 33s 1s/step - loss: 3.9066e-04 - sparse_categorical_accuracy: 1.0000
```

步骤7：评估模型

①整体评估模型在测试集上的预测准确率。代码如下：

```
model.evaluate(test_X,test_Y)
```

输出结果：

```
8/8 [==============================] - 3s 343ms/step-loss:0.4141- sparse_categorical_accuracy: 0.9280
    Out[9]:
    [0.4140567481517792, 0.9279999732971191]
```

②画出模型训练过程损失函数和准确率的变化曲线。代码如下：

```
plt.plot(history.history['loss'],color='green',label='损失')　plt.xlabel('loss')
    plt.ylabel('epoch')　plt.plot(history.history['sparse_categorical_accuracy'],color='blue',label='准确率')
    plt.xlabel('sparse_categorical_accuracy')
    plt.ylabel('epoch')
    plt.legend()
    plt.show()
```

输出结果如图4-13所示。

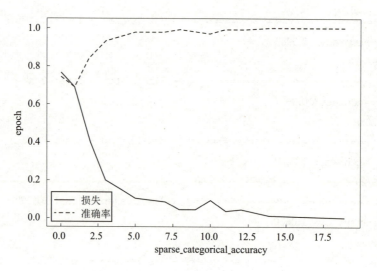

图 4-13　损失函数和准确率的变化曲线

③任意测试一封邮件内容。

text = '''主题：您是幸运的获奖者！尊敬的用户，恭喜您成为我们的幸运获奖者！您已经获得了一项令人难以置信的大奖！请阅读以下详细信息。您的大奖：一辆全新豪华轿车！请立即回复此邮件，以确认您的个人信息和领奖细节。我们将尽快安排将奖品送达给您。请注意，这个机会仅限于今天！错过了就再也没有了！所以赶紧回复吧！感谢您的参与！最诚挚的祝福！'''

代码如下：

```
newt=np.array(content2X([text]))
output=model.predict(newt)    #概率输出
if np.argmax(output,1)[0]==1:
print('这是一封垃圾邮件！')
  else: print('这是一封正常邮件。')
```

输出结果：

```
这是一封垃圾邮件！
```

任务五　使用循环神经网络实现自动生成纯音乐

本任务将基于TensorFlow.keras搭建循环神经网络模型，并使用MIDI音乐数据集训练模型实现纯音乐的自动生成。实现思路如图4-14所示。

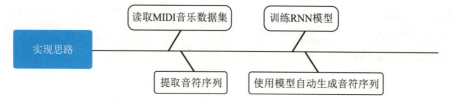

图 4-14　自动生成纯音乐实现思路

步骤1：解压资源文件

代码如下：

```
!unzip -q -o ./data-sets/music_train.zip -d ./
```

步骤2：导入相关包

代码如下：

```python
import numpy as np
from music21 import converter,instrument,note,chord,stream
import pickle
import tensorflow as tf
```

步骤3：解析MIDI文件

同语言一样，不同民族都有过自己创立并传承下来的记录音乐的方式——记谱法。各民族的记谱方式各有千秋，但是目前被更广泛使用的是五线谱和简谱。

一般来说，所有音乐由四个基本要素构成，而其中最重要的是"音的高低"和"音的长短"。记录音的高低和长短的符号，称为音符。全音符、二分音符、四分音符、八分音符、十六分音符是最常见的音符。

MIDI文件不是声音，实际上是一份乐谱，是对音乐的每个音符记录为一个十六进制的数字，所以与波形文件相比文件要小得多。

MIDI标准规定了各种音调的混合及发音，通过输出设备可以将这些数字重新合成为音乐。MIDI是不同插电乐器、软件、设备的连接者，关系着note（音符）如何演奏。

MIDI有音符序号，也就是音符的音高（pitch）是一个整数集set={0，1，2，…，127}。

在数据处理过程中，需要在所有MIDI文件中提取note和chord（和弦）：

①note样例：A、B、A#、B#、G#、E等。

②chord样例：[B4 E5 G#5]、[C5 E5]等。

因为chord就是多个note的集合，所以把它们简单地统称为note。

代码如下：

```python
notes=[]
if not os.path.isfile('data/notes'):
# 确保包含所有 MIDI 文件的 music_midi 文件夹在所有 Python 文件的同级目录下,也可以
# 自定义文件夹名和路径
if not os.path.exists("music_midi"):
raise Exception(" 包含所有 MIDI 文件的 music_midi 文件夹不在此目录下,请添加 ")
# 匹配所有符合条件的文件,并以 List 的形式返回
for midi_file in glob.glob("music_midi/*.mid"):
stream=converter.parse(midi_file)   # 将 mid 文件流根据乐器进行分割
parts=instrument.partitionByInstrument(stream)
```

```
#一首乐曲由多个音频流组成，这里把所有音频流取出来
if parts:  #如果有乐器部分,取第一个乐器部分
    notes_to_parse=parts.parts[0].recurse()
else: notes_to_parse=stream.flat.notes
for element in notes_to_parse:  #如果是note类型,则取它的音调
    if isinstance(element,note.Note):  #格式如E6
        notes.append(str(element.pitch))
        #如果是chord类型,则取其各个音调的序号
    elif isinstance(element,chord.Chord):  #转换后格式如4.15.7
        notes.append('.'.join(str(n) for n in element.normalOrder))
#如果data目录不存在,创建此目录
if not os.path.exists("data"):
    os.mkdir("data")  #将数据写入data目录下的notes文件
with open('data/notes','wb') as filepath:
    pickle.dump(notes,filepath)
else:
    with open('data/notes','rb') as filepath:
        notes=pickle.load(filepath)
```

步骤4：数据预处理

该步骤主要对notes序列做进一步预处理，符合模型对输入数据的要求。

①输入数据：连续长度为100的音符序列；输出数据：第101个音符。

②输入数据形状：样本数、样本序列长度、每个时间步输入特征数，其中样本序列长度为100，每个时间步特征数为1。

③输入数据归一化。

代码如下：

```
num_pitch=len(set(notes))
sequence_length=100  #序列长度
#得到所有音调的名字
pitch_names=sorted(set(item for item in notes))
#创建一个字典,用于映射音调和整数
pitch_to_int=dict((pitch,num) for num,pitch in enumerate(pitch_names))
#创建神经网络的输入序列和输出序列
network_input=[]
network_output=[]
for i in range(0,len(notes)-sequence_length,1):
    sequence_in=notes[i: i+sequence_length]
    sequence_out=notes[i+sequence_length]
    network_input.append([pitch_to_int[char] for char in sequence_in])
```

```
network_output.append(pitch_to_int[sequence_out])
n_patterns=len(network_input)
# 将输入的形状转换成神经网络模型可以接受的
normalized_input=np.reshape(network_input,(n_patterns,sequence_length,1))
# 将输入标准化/归一化
# 归一化可以让之后的优化器(optimizer)更快更好地找到误差最小值
normalized_input=normalized_input / float(num_pitch)
# 将期望输出转换成{0,1}组成的布尔矩阵,为了配合 categorical_crossentropy 误差
# 算法使用
network_output=tf.keras.utils.to_categorical(network_output)
```

步骤 5:定义模型结构

使用TensorFlow中的keras模块来搭建,模型结构简洁明了。

首先初始化一个顺序模型,然后逐个使用add()函数向这个顺序模型中添加神经网络层,这里采用LSTM。为了模型能更好地学习数据,这里搭建了三层。需要注意的是,每一层LSTM后都有一个Dropout层,这个层的作用是避免模型太复杂,导致过拟合。

代码如下:

```
model=tf.keras.models.Sequential()
model.add(tf.keras.layers.LSTM( 512, #LSTM 层神经元的数目是 512
input_shape=(normalized_input.shape[1], # 输入的形状,对第一个 LSTM 层必须设置
normalized_input.shape[2]),
return_sequences=True # 返回所有的输出序列(Sequences)))
model.add(tf.keras.layers.Dropout(0.3))   # 丢弃30% 神经元,防止过拟合
model.add(tf.keras.layers.LSTM(512 return_sequences=True))
model.add(tf.keras.layers.Dropout(0.3))
model.add(tf.keras.layers.LSTM(512))
model.add(tf.keras.layers.Dense(256))   #256 个神经元的全连接层
model.add(tf.keras.layers.Dropout(0.3))
model.add(tf.keras.layers.Dense(num_pitch))# 输出的数目等于所有不重复的音调的数目
model.add(tf.keras.layers.Activation('softmax'))
#Softmax 激活函数算概率
# 交叉熵计算误差,使用对循环神经网络来说比较优秀的 RMSProp 优化器
# 先用 Softmax 计算百分比概率,再用 cross entropy(交叉熵)来计算百分比概率和对应的
# 独热码之间的误差
model.compile(loss='categorical_crossentropy',optimizer='rmsprop')
```

步骤 6:训练模型

训练过程比较缓慢,最终将得到自动生成音素序列的模型。

注:可先跳过这步,直接使用平台提供的训练好的模型,进行下一步验证。

代码如下:

```
filepath="weights-{epoch:02d}-{loss:.4f}.hdf5"
# 每一个 epoch 结束时保存模型的参数(weights)
# 可以在对 loss(损失)达到阈值时随时停止训练
checkpoint=tf.keras.callbacks.ModelCheckpoint(
filepath, # 保存的文件路径
monitor='loss', # 监控的对象是损失(loss)
verbose=0,save_best_only=True, # 不替换最近的数值最佳的监控对象的文件
mode='min'# 取损失最小的 )
callbacks_list=[checkpoint] # 用 fit 方法来训练模型
  model.fit(network_input,network_output,epochs=100,batch_size=64,
callbacks=callbacks_list)
```

步骤7:使用模型生成音符序列

使用训练好的模型来预测音符。首先随机生成一个整数,这个整数用来从输入数据中随机抽取一个序列,作为待生成序列的起始序列patten。假如要生成一个长度为700的音符序列,那么在这个循环每次预测时,每一步会输出一个音符,第一个音符就是根据起始的100个音符生成的,然后使用起始序列的后99个音符加上刚生成的音符作为输入,再去预测下一个音符。依此类推,使用最新的100个连续的音符序列去生成下一个音符,最终得到一个长度为700个音符的序列。

代码如下:

```
# 加载模型
model.load_weights('model/best-weights.hdf5')
# 从输入中随机选择一个序列,作为预测/生成的音乐的起始点
start=np.random.randint(0,len(network_input)-1)
# 创建一个字典,用于映射整数和音调
int_to_pitch=dict((num,pitch) for num,pitch in enumerate(pitch_names))
pattern=network_input[start]
# 神经网络实际生成的音调
prediction_output=[]
# 生成700个音符/音调
for note_index in range(700):
prediction_input=np.reshape(pattern,(1,len(pattern),1))
# 输入归一化
prediction_input=prediction_input / float(num_pitch)
# 用载入了训练所得最佳参数文件的神经网络来预测/生成新的音调
prediction=model.predict(prediction_input,verbose=0)
#argmax 取最大的那个维度(类似 One-Hot 独热码)
```

```
index=np.argmax(prediction)
# 将整数转成音调
result=int_to_pitch[index]
prediction_output.append(result)
# 往后移动
pattern.append(index)
pattern=pattern[1:len(pattern)]
```

步骤8：将音符序列转为MIDI文件

由于模型输出的是音符序列，没法直接播放，需要将其转为MIDI音乐文件。需要注意的是，对于MIDI文件部分设备（尤其是手机）播放不了（Windows Media Player可正常播放），可以使用在线工具将MIDI文件转为MP3文件。

```
offset=0  # 偏移
output_notes=[]      # 生成note（音符）或chord（和弦）对象
for data in prediction_output:    # prediction_output是Chord,格式例如: 4.15.7
if('.'in data) or data.isdigit():
notes_in_chord=data.split('.')
notes=[]
for current_note in notes_in_chord:
new_note=note.Note(int(current_note))
new_note.storedInstrument=instrument.Piano()
# 乐器用钢琴(piano)
notes.append(new_note)
new_chord=chord.Chord(notes)
new_chord.offset=offset
output_notes.append(new_chord)      # 是note
else:
new_note=note.Note(data)
new_note.offset=offset
new_note.storedInstrument=instrument.Piano()
output_notes.append(new_note)
# 每次迭代都将偏移增加，这样才不会交叠覆盖
offset+=0.5
```

步骤9：创建音乐流

代码如下：

```
# 创建音乐流(stream)
midi_stream=stream.Stream(output_notes)
# 写入 MIDI 文件
```

```
midi_stream.write(' midi',fp='output.mid')
```

测验

1. 自然语言处理中三个典型任务是(　　)。
   A. 机器翻译
   B. 自然语言人机交互
   C. 智能问答
   D. 目标检测

2. 学习率对机器学习模型结果会产生影响,通常希望学习率(　　)。
   A. 越小越好
   B. 越大越好
   C. 较小而迭代次数较多
   D. 较大而迭代次数较少

3. 下面激活函数中常用于分类问题的是(　　)。
   ①:sigmoid()函数 ②:softmax()函数 ③:tanh()函数 ④:ReLU()函数
   A. ①和③　　　B. ①和②　　　C. ③和④　　　D. ②和④

4. 下列关于循环神经网络说法错误的是(　　)。
   A. 隐藏层之间的节点有连接
   B. 隐藏层之间的节点没有连接
   C. 隐藏层的输入不仅包括输入层的输出,还包括上一时刻隐藏层的输出
   D. 网络会对之前时刻的信息进行记忆并应用于当前输出的计算中

5. 用 TensorFlow 库构建一个神经网络模型,命名为 build_RNN,在模型中增加一个循环神经网络层。

   要求:构建循环神经网络层的神经元个数:20;输入的特征数据规模:6×6;激活函数选用 relu() 函数,命名为 RNN。最后调用 summary() 函数输出该神经网络模型的架构。

笔记栏

项目四　循环神经网络实战

项目总结

根据项目要求完成所有任务，填写任务分配表和任务报告表。

任务分配表

班级		组号		指导老师	
组长		学号		成员数量	
组长任务					
组员姓名	学号		任务分工		

任务报告表

学生姓名		学号		班级		
实施地点		实施日期		20＿＿年＿＿月＿＿日		
任务类型	□演示性	□验证性	综合性	□设计研究	□其他	
任务名称						

一、任务中涉及的知识点

二、任务实施环境

三、实施报告（包括实施内容、实施过程、实施结果、所遇到的问题、采用的解决方法、心得反思等）

小组互评			
教师评价		日期	

项目五 对抗生成网络实战

项目概述

在前面的知识中,学习了卷积神经网络和循环神经网络,在本项目中,介绍另一种形式的神经网络——对抗生成网络。项目包含三个任务:通过任务一搭建一个对抗生成网络 GAN,熟悉 GAN 的网络结构;通过任务二使用 GAN 模型生成手写数字,通过真实的应用,加深对 GAN 网络的理解;通过任务三使用 GAN 模型经过训练生成二次元动漫头像。

项目目标

知识目标:
- 了解有监督学习和无监督学习。
- 了解生成器和判别器。

技能目标:
- 具有使用 TensorFlow 框架的能力。
- 具有动手构建对抗生成网络生成手写数字图像的能力。

素养目标:
- 具备良好的协作交流能力。
- 具备实际工作中的灵活应变能力。

知识链接

1. 有监督、无监督学习

(1) 有监督学习

有监督是一种算法的类别,已知样本的结果(如考试答案、生产结果等),使其达到所要求性能或结果的过程,主要任务是通过标记的训练数据来推断一个其中对应的功能,其训练数据包括类别信息(数据标签和特征),如在垃圾邮件检测中,训练样本包括邮件的类别信息:垃圾邮件和非垃圾邮件。

使用监督学习的步骤如下：

①定义问题：定义监督学习汇总预测的样本结果或目标变量，预测样本的结果和目标变量分别是什么。在监督学习中，若获取具有目标变量的样本进行训练，则该部分数据集称为训练样本，剩余部分的数据集称为预测样本。

②准备数据：明确样本结果和目标变量后，需要确定的是预测对象变量名称、目标变量名称，以及对应的变量类型等数据。通过这些数据，监督学习能够对原始数据进行清洗、加工、处理，以方便算法建模。数据集常见的类型包括数值型、因子型、文本型、时间型。常用的数据处理包括缺失值填充、样本选择、降维、统计分析等。

③算法调优：数据处理完成后，确定模型需要良好的算法及参数，此时需要对算法进行调优。在监督学习中，回归算法和分类算法是最重要的两类算法，回归算法的标签值是连续的，例如，股票价格预测，利用股票历史价格预测未来价格；分类算法中的标签是离散的值，例如，广告单击中的标签为{+1,－1}，分别表示广告的单击和未单击。

④效果分析：使用算法进行调优之后可以尝试建立模型，可以通过算法中的相关指标进行效果分析。

⑤模型部署：根据数据的存储环境及业务环境等进行合理的模型部署。

监督算法中的回归算法：

在监督学习中，回归是一种线性模型，主要表示因变量和自变量为线性关系，主要分为线性回归和非线性回归两种建模，如图5-1所示。回归模型预测的是一个连续的数值。

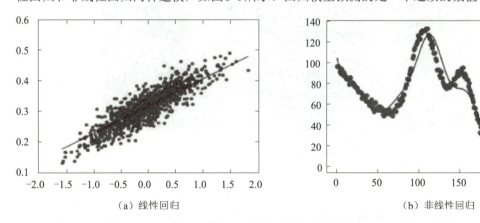

图 5-1　线性回归与非线性回归

监督算法中的分类算法：

若回归模型预测的是连续数值，如果想预测离散值的数值怎么办？此时可以采用分类模型。分类模型主要包括二分类模型和多分类模型；单分类模型是一种特殊的分类模型，它仅可对"对/错"类型的问题进行建模；多分类模型是对一个有多个回答的问题进行建模的模型。图5-2所示为有监督算法中的二分类算法。

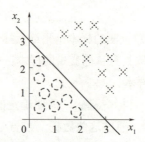

图 5-2　有监督算法中的二分类算法

（2）无监督学习

无监督学习是指样本中只包含特征，不包含标签信息，因此在训练时并不知道分类的结果是否正确。聚类算法是非监督学习中最典型的算法之一，聚类算法利用样本特征将具有相似特征的样本划分到同一个类别，无须提前设置数据集的类别。机器学习一共有三种不同的训练方法，如图5-3所示。

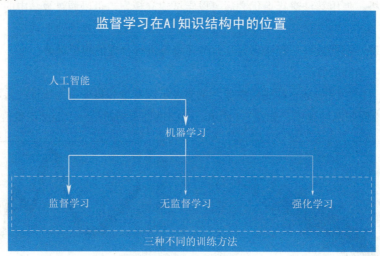

图 5-3　机器学习三种不同的训练方法

无监督与有监督对比：

①有监督学习是一种目的明确的训练方式，知道得到的结果是什么；无监督学习则是没有明确目的的训练方式，无法提前知道结果是什么。

②监督学习需要给数据打标签；无监督学习不需要给数据打标签。

③监督学习由于目标明确，所以可以衡量效果；无监督学习几乎无法量化效果如何。

（3）无监督学习的使用场景

①发现异常：有很多违法行为跟普通用户的行为是不一样的，到底哪里不一样？

如果通过人为分析这是一件成本很高、很复杂的事情，可以通过这些行为的特征对用户进行分类，就更容易找到那些行为异常的用户。然后，再深入分析他们的行为到底哪里不一样，是否属于违法的范畴。

通过无监督学习,可以快速把行为进行分类,虽然不知道这些分类意味着什么,但是通过这些分类,可以快速排除正常的用户,更有针对性地对异常行为进行深入分析。

②用户画像:用户画像很有意义,不仅可以把用户按照性别、年龄、地理位置等维度进行用户细分,还可以通过用户行为对用户进行分类。

通过很多维度的用户细分,效果也会更好。如图5-4所示,可以通过无监督算法细分用户类型。

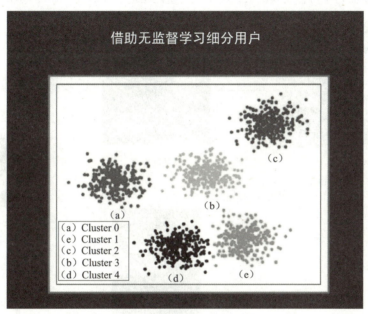

图 5-4　无监督算法细分用户

③推荐系统:在淘宝、天猫、京东上逛的时候,总会根据人们的浏览行为推荐一些相关的商品,有些商品就是无监督学习通过聚类来推荐出来的。系统会发现一些购买行为相似的用户,推荐这类用户最"喜欢"的商品。图5-5所示为网上商城首页通过用户的消费行为为用户推荐的商品。

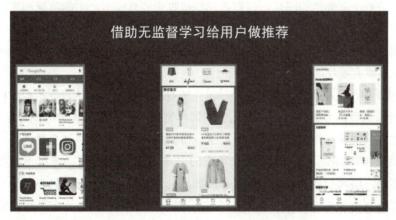

图 5-5　无监督算法给用户做推荐

2. 生成对抗网络

我们可以把生成器想象成一个古董赝品制作者，其成长过程是从一个零基础的制作者慢慢成长为一个"仿制品艺术家"。

而鉴别器担任的则是一个古董鉴别专家的角色，它一开始也许仅仅是一个普通等级的"鉴别师"，在与赝品制作者的博弈中逐渐成长为一个技术超群的鉴别专家。

下面就以赝品制作与鉴别为例来说明生成对抗网络的工作原理，如图5-6所示。

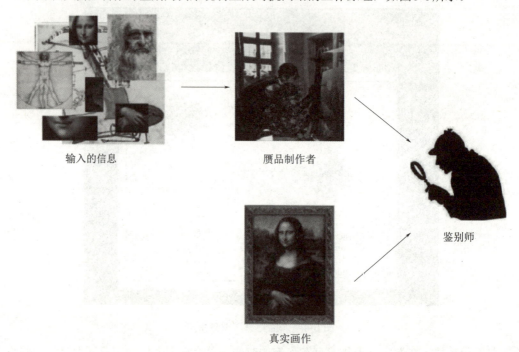

图5-6 生成对抗网络示意图

生成对抗网络（generative adversarial networks，GAN）包含两个模型：一个是生成器（generator，G）模型；另一个是判别器（discriminator，D）模型。其中生成器模型接收一个随机的噪声并生成一个有噪声的图片；判别器模型接收生成器模型产生的数据和真实的数据，判断样本是真实的还是生成器生成的。判别器的输入是一张图片，输出的是这张图片为真实图片的概率。如果输出结果为1，则表示是真实图片的概率为100%；如果输出结果为0，则表示这张图片不可能是真实图片。

在训练过程中，生成器模型的目标是尽量生成看起来真的和原始数据相似的图片去欺骗判别器模型。而判别器模型的目标是尽量把生成器模型生成的图片和真实的图片区分开。这样，生成器试图欺骗判别器，判别器则努力不被生成器欺骗。两个模型经过交替优化训练，互相提升，生成器模型和判别器模型构成了一个动态的"博弈"。在最理想的情况下，生成器产生了以假乱真的图像，而判别器难以判定生成器的图片是否是真实的，即判别器的输出结果为0.5。最后，就可以得到一个生成网络（G），用来生成图片，这是GAN的基本思想。生成对抗网络的基本结构如图5-7所示。

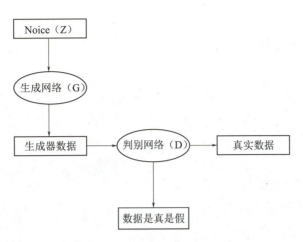

图 5-7　生成对抗网络基本结构

3. 生成对抗网络工作过程

（1）固定判别器，训练生成器

如图 5-8 所示，让一个生成器不断生成"假数据"，然后将训练集数据打上真实标签 1 和生成器生成的假图片打上虚假标签 0 一同送入判别器，一开始，生成器还很弱，所以很容易被识别出来。但是随着不断训练，生成器技能不断提升，最终骗过了判别器。未经训练的判别器的判别能力很弱，判断是否为假数据的概率为 50%。

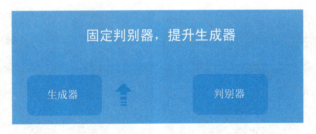

图 5-8　步骤一

（2）固定生成器，训练判别器

如图 5-9 所示，通过第（1）步之后，固定生成器，然后开始训练判别器。判别器通过不断训练，提高了自己的鉴别能力，最终可以准确地判断出所有的假图片。此时，生成器已经无法骗过判别器。

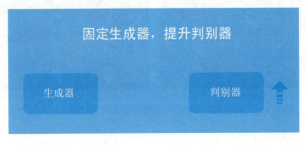

图 5-9　步骤二

（3）循环阶段一和阶段二

如图5-10所示，通过不断循环，生成器和判别器的能力都越来越强。最终得到一个效果非常好的生成器，就可以用它来生成想要的图片。

图 5-10　步骤三

4. 生成对抗网络的常见应用

（1）生成图像数据集

人工智能的训练是需要大量的数据集的，如果全部靠人工收集和标注，成本会很高。GAN可以自动地生成一些数据集，提供低成本的训练数据。图5-11所示1为GAN网络生成的数据集。

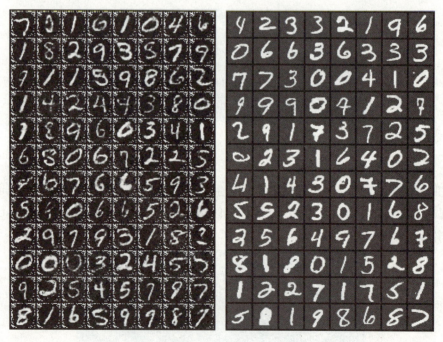

图 5-11　为 GAN 网络生成的数据集

（2）生成照片、漫画人物

GAN不但能生成人脸，还能生成其他类型的照片，甚至是漫画人物，如图5-12所示。

图 5-12 GAN 网络生成漫画

(3) 文字到图像的转换

在 2016 年标题为"StackGAN:使用 StackGAN 的文本到逼真照片的图像合成"的论文中,演示了使用 GAN,特别是 StackGAN,从鸟类和花卉等简单对象的文本描述中生成逼真的照片,如图 5-13 所示。

图 5-13 GAN 网络生成符合文本的图像

(4) 语意—图像—照片的转换

下面演示了在语义图像或草图作为输入的情况下使用条件 GAN 生成逼真图像,生成的图像如图 5-14 所示。

图 5-14　条件 GAN 生成逼真图像

（5）超分辨率重建

如图 5-15 所示，利用 GAN 网络可以实现图像的超分辨率重建，论文 *SRGAN* 率先把 GAN 引入到了超分辨率领域，实现了图像从低分辨率到高分辨率的改变。

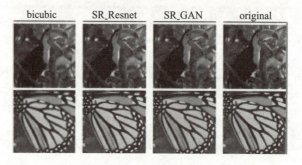

图 5-15　GAN 提高图像分辨率

（6）照片修复

假如照片中有一个区域出现了问题（例如被涂上颜色或者被抹去），GAN 可以修复这个区域，还原成原始的状态，如图 5-16 所示。

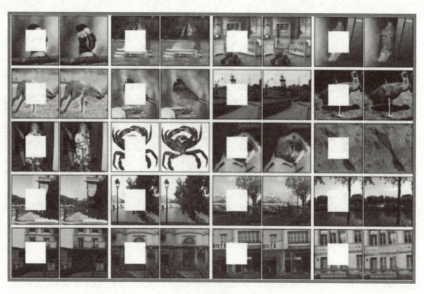

图 5-16　GAN 进行图像修复

（7）自动生成 3D 模型

给出多个不同角度的 2D 图像，GAN 网络就可以生成一个 3D 模型，如图 5-17 所示。

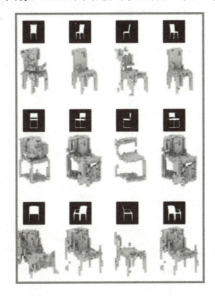

图 5-17　GAN 生成 3D 模型

项目实施

任务一　搭建一个 GAN 网络

步骤 1：导入相关包

代码如下：

```
from tensorflow.keras.datasets import mnist
from tensorflow.keras.layers import Dense,Dropout,Input
from tensorflow.keras.models import Model,Sequential
from tensorflow.keras.layers import LeakyReLU
from tensorflow.keras.optimizers import Adam
from tqdm import tqdm
import numpy as np
import matplotlib.pyplot as plt
%matplotlib inline
```

步骤 2：构建生成器

由于本任务旨在实现 GAN 网络的结构，因此使用最简单的多层感知机（MLP）全连接层来构建生成器，使用 tf.keras 中的顺序模型：tf.keras.Sequential 来搭建一个全连接神经网络模型。代码如下：

```
def build_generator():
    model=Sequential()
    model.add(Dense(units=256,input_dim=100))
    model.add(LeakyReLU(alpha=0.2))
    model.add(Dense(units=512))
    model.add(LeakyReLU(alpha=0.2))
    model.add(Dense(units=1024))
    model.add(LeakyReLU(alpha=0.2))
    model.add(Dense(units=784,activation='tanh'))
    model.compile(loss='binary_crossentropy',optimizer=Adam(0.0002,0.5))
    return model
```

步骤3：初始化一个生成器

本步骤初始化一个生成器，并输出生成器的网络结构。代码如下：

```
generator=build_generator()
generator.summary()
```

步骤4：构建一个判别器

构建一个判别器，也是一个MLP全连接神经网络。代码如下：

```
def build_discriminator():
    model=Sequential()
    model.add(Dense(units=1024 ,input_dim=784))
    model.add(LeakyReLU(alpha=0.2))
    model.add(Dropout(0.3))
    model.add(Dense(units=512))
    model.add(LeakyReLU(alpha=0.2))
    model.add(Dropout(0.3))
    model.add(Dense(units=256))
    model.add(LeakyReLU(alpha=0.2))
    model.add(Dropout(0.3))
    model.add(Dense(units=1,activation='sigmoid'))
    model.compile(loss='binary_crossentropy',optimizer=Adam(0.0002,0.5))
    return model
```

步骤5：实例化一个判别器

实例化一个判别器，并显示其网络结构。代码如下：

```
discriminator=build_discriminator()
discriminator.summary()
```

步骤6:实例化一个判别器

本步骤建立一个GAN网络,由discriminator和generator组成,并实例化一个GAN网络,显示其结构。代码如下:

```
def build_GAN(discriminator,generator):
    discriminator.trainable=False
    GAN_input=Input(shape=(100,))
    x=generator(GAN_input)
    GAN_output=discriminator(x)
    GAN=Model(inputs=GAN_input,outputs=GAN_output)
    GAN.compile(loss='binary_crossentropy',optimizer=Adam(0.0002,0.5))
    return GAN
GAN=build_GAN(discriminator,generator)
GAN.summary()
```

任务二 使用GAN模型生成手写数字

生成对抗网络(GAN)是最近几年很热门的一种无监督算法,它能生成非常逼真的照片、图像甚至视频。手机中的照片处理软件中就使用到它。

本任务搭建GAN网络实现手写数字图像的生成,了解GAN网络模型的搭建到最终实现的全过程。

步骤1:导入相关包

代码如下:

```
import matplotlib.pyplot as plt
import numpy as np
import tensorflow as tf
import os
from tensorflow.keras.datasets import mnist
from tensorflow.keras.layers import Dense,Flatten,GlobalAveragePooling2D,Reshape
from tensorflow.keras.models import Sequential
from tensorflow.keras.optimizers import Adam
from keras.layers.advanced_activations import LeakyReLU
```

步骤2:构建生成器

生成器是一个只有一个隐藏层的神经网络。生成器以一张图像z为输入,生成28×28×1的图像。在隐藏层中使用 LeakyReLU() 激活函数,与将任何输入映射到0的常ReLU()函数不同,LeakyReLU()函数允许存在一个小的正梯度,这样可以防止梯度在训练过程中消失,从而产生更好的训练效果。

在输出层使用tanh()激活函数,它将输出值缩放到范围[-1,1]。之所以使用tanh(与sigmoid同,sigmoid会输出更为典型的0~1范围内的值),是因为它有助于生成更清断的图像。

代码如下:

```
img_rows=28
img_cols=28
channels=1
img_shape=(img_rows,img_cols,channels)    #输入图片的维度
z_dim=100    #噪声向量的大小用作生成器的输入
print(img_shape)
def build_generator(img_shape,z_dim):
    model=Sequential([
    Dense(128,input_dim=z_dim),                  #全连接层
    LeakyReLU(alpha=0.01),
    Dense(28*28*1,activation='tanh'),
    Reshape(img_shape)                            #生成器的输出改变为图像尺寸
    return model
build_generator(img_shape,z_dim).summary()
```

步骤3:构建判别器

判别器接收28×28×1的图像,并输出表示输入是否被视为真而不是假的概率。判别器由一个两层神经网络表示,其隐藏层有128个隐藏单元及激活函数为LeakyReLU()。为了简便,我们构造的判别器网络看起来与生成器几乎相同,但并非必须如此。实际上,在大多数GAN的实现中,生成器和判别器网络体系结构的大小和复杂性都相差很大。

注意: 与生成器不同的是,判别器的输出层应用了sigmoid()激活函数。这确保了输出值将介于0和1之间,可以将其解释为生成器将输入认定为真的概率。

将图片的像素点从[0,255]范围映射到[0,1]方便拟合。

代码如下:

```
def build\_discrimination(img\_shape):
model=Sequential([
Flatten(input_shape=img_shape),         #输入图像展平
Dense(128),
LeakyReLU(alpha=0.01),
Dense(1,activation='sigmoid')])
return model
build_discrimination(img_shape).summary()
```

步骤4:搭建整个网络

构建并编译先前实现的生成器模型和判别器模型。在用于训练生成器的组合模型中,通过

将 discriminator.trainable 设置为 False 来固定判别器参数。

注意：组合模型（其中判别器设置为不可训练）仅用于训练生成器。判别器将用单独编译的模型训练。

使用二元交叉熵（binary cross-entropy）作为在训练中寻求最小化的损失函数。二元交叉熵用于度量二分类预测计算的概率和实际概率之间的差异；交叉损失越大，预测离真值就越远。优化每个网络使用的是 Adam 优化算法。该算法名字源于 adaptive moment estimation，是一种先进的基于梯度下降的优化算法。Adam 凭借其优异的性能已经成为大多数 GAN 的首选优化器。

代码如下：

```
def build_gan(generator,discriminator):
model=Sequential()    #生成器模型和判别器模型结合到一起
model.add(generator)
model.add(discriminator)
return model
discriminator=build_discrimination(img_shape)    #构建并编译判别器
discriminator.compile(
loss='binary_crossentropy',
optimizer=Adam(),
metrics=['accuracy'] )
generator=build_generator(img_shape,z_dim)    #构建生成器
discriminator.trainable=False    #训练生成器时保持判别器的参数固定
#构建并编译判别器固定的 GAN 模型，以生成训练器
gan=build_gan(generator,discriminator)
gan.compile( loss='binary_crossentropy',optimizer=Adam())
```

步骤5：定义训练过程

首先，取随机小批量的 MNIST 图像为真实样本，从随机噪声向量 Z 中生成小批量伪样本，然后在保持生成器参数不变的情况下，利用这些伪样本训练判别器网络。其次，生成一小批伪样本，使用这些图像训练生成器网络，同时保持判别器的参数不变。算法在每次迭代中都重复这个过程。

这里使用独热编码（one-hot-encoded）标签：1代表真实图像；0代表伪图像。Z 从标准正态分布（平均值为0、标准差为1的钟形曲线）中取样得到。训练判别器使得假标签分配给伪图像，真标签分配给真图像。对生成器进行训练时，生成器要使判别器能将真实的标签分配给它生成的伪样本。

注意：训练数据集中的真实图像被重新缩放到了 −1～1。生成器在输出层使用 tanh() 激活函数，因此伪样本同样将在范围 [−1, 1] 内。相应的，需要将判别器的所有输入重新缩放到同一范围。

代码如下：

```
losses=[]
```

```python
accuracies=[]
iteration_checkpoints=[]
def train(iterations,batch_size,sample_interval):
    (x_train,_),(_,_)=mnist.load_data()              #加载mnist数据集
    x_train=x_train/127.5 - 1.0      #灰度像素值[0,255]缩放到[-1,1]
    x_train=np.expand_dims(x_train,axis=3)
    real=np.ones((batch_size,1))                      #真实图像的标签都是1
    fake=np.zeros((batch_size,1))                     #伪图像的标签都是0
    for iteration in range(iterations):
        idx=np.random.randint(0,x_train.shape[0] batch_size)   #随机噪声采样
        imgs=x_train[idx]
        z=np.random.normal(0,1,(batch_size,100))     #获取随机的一批真实图像
        gen_imgs=generator.predict(z)                 #图像像素缩放到[0,1]
        d_loss_real=discriminator.train_on_batch(imgs,real)
        d_loss_fake=discriminator.train_on_batch(gen_imgs,fake)
        d_loss,accuracy=0.5 * np.add(d_loss_real,d_loss_fake)
        z=np.random.normal(0,1,(batch_size,100))     #生成一批伪图像
        gen_imgs=generator.predict(z)
        g_loss=gan.train_on_batch(zreal)              #训练判别器
        if(iteration+1)% sample_interval==0:
            losses.append((d_loss,g_loss))
            accuracies.append(100.0 * accuracy) iteration_checkpoints.append(iteration+1)
            print("%d [D loss: %f, acc.: %.2f%%] [G loss: %f]"% (iteration+1,d_loss,100.0 * accuracy,g_loss))  #输出训练过程
            sample_images(generator)                  #输出生成图像的采样
```

步骤6：定义输出样本图像的函数

在生成器训练代码中，调用了 sample_images() 函数。该函数在每次 sample_ interva 迭代中调用，并输出由生成器在给定迭代中合成的含有 4×4 幅合成图像的网格。运行模型后，可以使用这些图像检查临时和最终的输出情况。

代码如下：

```python
def sample_images(generator,image_grid_rows=4,image_grid_columns=4):
    z=np.random.normal(0,1,(image_grid_rows*image_grid_columns,z_dim))
    #样本随机噪声
    gen_imgs=generator.predict(z)            #从随机噪声生成图像
    gen_imgs=0.5*gen_imgs+0.5                #将图像像素重置缩放至[0,1]内
    #设置图像网格
    fig,axs=plt.subplots(
        image_grid_rows,
```

```
image_grid_columns,
figsize=(4,4),
sharex=True,
sharey=True)
cnt=0
for i in range(image_grid_rows):
    for j in range(image_grid_columns):
        axs[i,j].imshow(gen_imgs[cnt,:,:,0],cmap='gray')    #输出一个图像网格
        axs[i,j].axis('off')
        cnt += 1
```

步骤7：运行模型

这是最后一步，设置训练超参数——迭代次数和批量大小，然后训练模型。目前没有一种行之有效的方法来确定正确的迭代次数或正确的批量大小，只能观察训练进度，通过反复试验来确定。

也就是说，对这些数有一些重要的实际限制：每个小批量必须足够小，以适合内存器处理（典型使用的批量大小是2的幂：32、64、128、256和512）。迭代次数也有一个实际的限制：拥有的迭代次数越多，训练过程花费的时间就越长。像GAN这样复杂的深度学习模型，即使有了强大的计算能力，训练时长也很容易变得难以控制。

为了确定合适的迭代次数，需要监控训练损失，并在损失达到平稳状态（这意味着从进一步的训练中得到的改进增量很少，甚至没有）的次数附近设置迭代次数（因为这是个生成模型，像有监督的学习算法一样，也需要担心过拟合问题）。

代码如下：

```
iterations=5000
batch_size=128
sample_interval=1000
train(iterations,batch_size,sample_interval)
generator.save('./data-sets/mnist_dcgan_tf2.h5')
```

迭代2 000次后的模型生成的数字图像如图5-18所示。

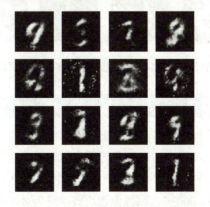

图5-18　运行2 000次生成的图像

迭代5 000次后的模型生成的数字图像如图5-19所示。

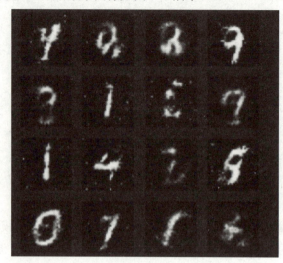

图 5-19 运行 5 000 次生成的图像

MNIST数据集中真实的图像样本如图5-20所示。

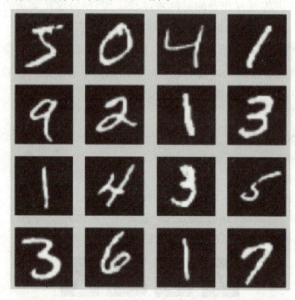

图 5-20 MNIST 数据集中真实的图像样本

任务三　使用 GAN 模型生成二次元动漫头像

GAN网络是一种无监督算法，二次元动漫头像的生成原理如下：判别器将数据集中的采样做真样本，由噪声采样经生成器反卷积生成的图像做假样本进行每迭代的更新，生成器则以让判别器尽可能地给自己生成的图像打高分为目的进行模型的更新迭代。

本次采用的数据集约有16 000张，图像像素均被裁剪为96×96像素。

步骤1：解压数据集及导入相关包

项目相关的封装好的库和保存权重文件的文件夹在AnimationGAN.zip文件中，数据集在faces.zip文件中。首先解压两个文件，然后导入相关包，本任务是使用Pytorch框架实现的，所以导入torch相关的包。

代码如下：

```
!unzip -o -q ./data-sets/AnimationGAN.zip -d ./
!unzip -o -q ./data-sets/faces.zip -d ./faces
from tqdm import tqdm
import torch
import torchvision as tv
from torch.utils.data import DataLoader
import torch.nn as nn
```

步骤2：定义一个配置参数的类

本步骤定义模型训练与预测中的超参数，如数据集路径、训练图像的像素大小、批处理数量、生成器和判别器的学习率等，最后实例化Config类，设置超参数，并设置为全局参数。

```
!unzip -o -q ./data-sets/AnimationGAN.zip -d ./
#config类中定义超参数，
class Config(object):
""" 定义一个配置类 """
#0.参数调整
data_path='./face/'
virs="result"
num_workers=4          # 多线程
img_size=96            # 剪切图片的像素大小
batch_size=256         # 批处理数量
max_epoch=400          # 最大轮次
lr1=2e-4               # 生成器学习率
lr2=2e-4               # 判别器学习率
beta1=0.5              # 正则化系数，Adam优化器参数
gpu=False              # 是否使用GPU运算（建议使用）
nz=100                 # 噪声维度
ngf =64                # 生成器的卷积核个数
ndf =64                # 判别器的卷积核个数
#1.模型保存路径 save_path='./img2'#opt.netg_path 生成图片的保存路径
# 判别模型的更新频率要高于生成模型
d_every=1              # 每一个batch 训练一次判别器
g_every=5              # 每1个batch 训练一次生成模型
```

```
save_every=5     #每 save_every 次保存一次模型
netd_path=None
netg_path=None
#测试数据 gen_img="./result.png"
#选择保存的照片
#一次生成保存 64 张图片
gen_num=64
gen_search_num=512
gen_mean=0       #生成模型的噪声均值
gen_std=1        #噪声方差
#实例化 Config 类,设置超参数,并设置为全局参数
 opt=Config()
```

步骤 3:定义一个配置参数的类

定义 Generation 生成模型,通过输入噪声向量生成图片。使用顺序模型构建一个具有五层的转置卷积的模型。转置卷积与卷积的操作如下:

如图 5-21 所示,左图为卷积的过程,右图为反卷积的过程。反卷积是卷积的逆过程,又称作转置卷积。最大的区别在于反卷积过程是有参数要进行学习的(类似卷积过程),反卷积可以实现 UnPooling(上采样)和 UnSampling(下采样),需要积核的参数设置得合理。

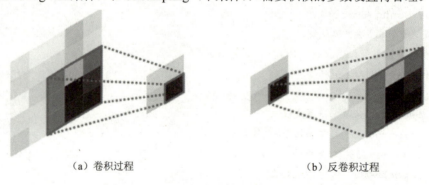

(a)卷积过程　　　　　　　　　　　(b)反卷积过程

图 5-21　卷积与反卷积

代码如下:

```
class NetG(nn.Module):              #构建初始化函数,传入 opt 类
    def __init__(self,opt):
        super(NetG,self).__init__()         #self.ngf 生成器特征图数目
        self.ngf=opt.ngf
        self.Gene=nn.Sequential(
#假定输入为 opt.nz*1*1 维的数据,opt.nz 维的向量
#output=input-1)*stride+output_padding-2*padding+kernel_size
#把一个像素点扩充卷积,让机器自己学会去理解噪声的每个元素是什么意思
nn.ConvTranspose2d(in_channels=opt.nz,out_channels=self.ngf*8,kernel_size=4,
```

```
stride=1, padding=0, bias=False),
    nn.BatchNorm2d(self.ngf*8),
    nn.ReLU(inplace=True),
    # 输入一个 4*4*ngf*8
    nn.ConvTranspose2d(in_channels=self.ngf*8, out_channels=self.ngf*4, kernel_size=4, stride=2, padding=1, bias =False),
    nn.BatchNorm2d(self.ngf*4),
    nn.ReLU(inplace=True),
    # 输入一个 8*8*ngf*4  （其中 ngf*4 为生成器特征图数目）
    nn.ConvTranspose2d(in_channels=self.ngf*4, out_channels=self.ngf*2, kernel_size=4, stride=2, padding=1, bias=False),
    nn.BatchNorm2d(self.ngf*2),
    nn.ReLU(inplace=True),    # 输入一个 16*16*ngf*2
    nn.ConvTranspose2d(in_channels=self.ngf*2, out_channels=self.ngf, kernel_size=4, stride=2, padding=1, bias=False),
    nn.BatchNorm2d(self.ngf),
    nn.ReLU(inplace=True),
    ngf nn.ConvTranspose2d(in_channels=self.ngf, out_channels=3, kernel_size=5, stride=3, padding=1, bias =False),         #Tanh 收敛速度快于 sigmoid, 远慢于 relu, 输出范
                                                        # 围为 [-1, 1], 输出均值为 0
    nn.Tanh(),)
    def forward(self, x):
    return self.Gene(x)
```

步骤 4：定义判别器模型

构建 Discriminator 判别器，判别器定义五个卷积层。下面是对于各个参数的说明。

①输入通道数 in_channels，输出通道数（即卷积核的通道数）out_channels，此处设置卷积核有 64 个，输出通道为 64。

②因为对图片做了灰度处理，此处通道数为 1。

③卷积核大小 kernel_size，步长为 stride。

④输入图像大小为（bitch_size, 3, 96, 96），bitch_size，表示单次训练的样本量。

⑤输出图像大小为：（bitch_size, ndf, 32, 32）。

⑥LeakyReLU 为激活函数，是激活函数 ReLU 的变体，设置 inplace 为 True，可以节省内存，取消反复申请内存的过程。

代码如下：

```
# 构建 Discriminator 判别器
class NetD(nn.Module):
    def __init__(self, opt):
```

```python
        super(NetD,self).__init__()
        self.ndf=opt.ndf          #DCGAN 定义的判别器，生成器没有池化层
        self.Discrim=nn.Sequential(
        nn.Conv2d(in_channels=3,out_channels=self.ndf,kernel_size=5,stride=3,padding=1,bias=False),
        nn.LeakyReLU(negative_slope=0.2,inplace=True),
        #input:(ndf,32,32)
        nn.Conv2d(in_channels=self.ndf,out_channels=self.ndf*2,kernel_size=4,stride=2,padding=1,bias=False),
        nn.BatchNorm2d(self.ndf*2),
        nn.LeakyReLU(0.2,True),
        #input:(ndf*2,16,16)
        nn.Conv2d(in_channels=self.ndf*2,out_channels=self.ndf*4,kernel_size=4,stride=2,padding=1,bias=False),
        nn.BatchNorm2d(self.ndf*4),
        nn.LeakyReLU(0.2,True),
        #input:(ndf*4,8,8)
        nn.Conv2d(in_channels=self.ndf*4,out_channels=self.ndf*8,kernel_size=4,stride=2,padding=1,bias=False),
        nn.BatchNorm2d(self.ndf*8),
        nn.LeakyReLU(0.2,True),
         #input:(ndf *8,4,4)    #output:(1,1,1)
        nn.Conv2d(in_channels= self.ndf*8,out_channels=1,kernel_size=4,stride=1,padding=0,bias=True),
        # 调用 sigmoid() 函数解决分类问题。因为判别模型要做的是二分类，故用 sigmoid() 即可，
        # 因为 sigmoid() 返回值区间为 [0,1],
        # 可做判别模型的打分标准
        nn.Sigmoid()
        def forward(self,x):       #展平后返回
        return self.Discrim(x).view(-1)
```

步骤 5：定义训练模型函数

训练模型之前，需要进行两步的数据处理。

数据预处理一：这里会涉及 transfroms 模块提供一般图像转换操作的功能，最后转成 floatTensor 类型。解释如下：

① tv.transforms.Compose 用于组合多个 tv.transforms 操作，定义好 transforms 组合操作后，直接传入图片即可进行处理。

② tv.transforms.Resize，对 PIL Image 对象作 resize 运算，数值保存类型为 float64。

③ tv.transforms.CenterCrop，中心裁剪。

④tv.transforms.ToTensor，将opencv读到的图片转为torch image类型（通道、像素、像素），且把像素范围转为[0, 1]。

⑤tv.transforms.Normalize，执行image=（image - mean）/std数据归一化操作。参数mean表示比值，参数std表示方差。

数据预处理二：这一步在DataLoader模块中实现，实现数据集洗牌操作，设置批处理的大小。

代码如下：

```
def train(**kwargs):
#配置属性
# 如果函数无字典输入，则使用opt中设置好的默认超参数
for k_,v_ in kwargs.items():
setattr(opt,k_,v_)
#device（设备），分配设备
if opt.gpu:
device=torch.device("cuda")
else:
device=torch.device('cpu')
transforms=tv.transforms.Compose([
#3*96*96
tv.transforms.Resize(opt.img_size),#缩放到 img_size* img_size，中心裁剪
                                    #成96×96像素的图片
tv.transforms.CenterCrop(opt.img_size),#ToTensor和Normalize 搭配使用
tv.transforms.ToTensor()
tv.transforms.Normalize((0.5,0.5,0.5),(0.5,0.5,0.5)) ])
dataset=tv.datasets.ImageFolder(root=opt.data_path,transform=transforms)
dataloader=DataLoader(
dataset,#数据加载
batch_size=opt.batch_size, #批处理大小设置
shuffle=True,  #是否进行洗牌操作
drop_last=True# 为True时，如果数据集大小不能被批处理大小整除，则设置为
# 删除最后一个不完整的批处理
# 初始化网络
netg,netd=NetG(opt),NetD(opt)
# 判断网络是否有权重数值
# storage存储
map_location=lambda storage,loc: storage
if opt.netg_path:
netg.load_state_dict(torch.load(f=opt.netg_path,map_location=map_location))
if opt.netd_path:
netd.load_state_dict(torch.load(f=opt.netd_path,map_location=map_location))
```

```python
# 搬移模型到之前指定设备，本文采用的是CPU，分配设备
netd.to(device)
netg.to(device)
# 定义优化策略
#torch.optim包内有多种优化算法
#Adam优化算法，是带动量的惯性梯度下降算法
optimize_g=torch.optim.Adam(netg.parameters(),lr=opt.lr1,betas=(opt.beta1,0.999))
optimize_d=torch.optim.Adam(netd.parameters(),lr=opt.lr2,betas=(opt.beta1,0.999))
criterions=nn.BCELoss().to(device)
# 定义标签，并且开始注入生成器的输入noise
true_labels=torch.ones(opt.batch_size).to(device)
fake_labels=torch.zeros(opt.batch_size).to(device)
# 生成满足N(1,1)标准正态分布,opt.nz维(100维)，opt.batch_size个数的随机噪声
noises=torch.randn(opt.batch_size,opt.nz,1,1).to(device)
# 用于保存模型时作生成图像示例
fix_noises=torch.randn(opt.batch_size,opt.nz,1,1).to(device)
# 训练网络，设置迭代
for epoch in range(opt.max_epoch):
    for ii_,(img,_) in tqdm((enumerate(dataloader))):
        # 将处理好的图片赋值
        real_img=img.to(device)
        # 开始训练生成器和判别器
        # 注意要使得生成的训练次数小一些
        # 每一轮更新一次判别器
        if ii_ % opt.d_every==0:
            # 优化器梯度清零
            optimize_d.zero_grad()
            output=netd(real_img)
            # 用之前定义好的交叉熵损失函数计算损失
            error_d_real=criterions(output,true_labels)
            # 误差反向计算
            error_d_real.backward()
            noises=noises.detach()
            # 通过生成模型将随机噪声生成为图片矩阵数据
            fake_image=netg(noises).detach()
            # 将生成的图片交给判别模型进行判别
            output=netd(fake_image)
```

```python
# 再次计算损失函数的计算损失
error_d_fake=criterions(output,fake_labels)
error_d_fake.backward()
optimize_d.step()
# 训练判别器
if ii_%opt.g_every==0:
    optimize_g.zero_grad() # 用于netd作判别训练和用于netg作生成训练两组噪声需要不同
    noises.data.copy_(torch.randn(opt.batch_size,opt.nz,1,1))
    fake_image=netg(noises)
    output=netd(fake_image)
    # 此时判别器已经固定住，BCE的一项为定值，再求生成器损失函数的最小化。相当于求生成器
    # 即G的得分的最大化
    error_g=criterions(output,true_labels)
    error_g.backward()     # 计算一次Adam算法，完成判别模型的参数迭代
    optimize_g.step()
# 保存模型
if(epoch+1)% opt.save_every==0:
    fix_fake_image=netg(fix_noises)
    tv.utils.save_image(fix_fake_image.data[:64],"%s/%s.png"% (opt.save_path,epoch),normalize=True)
    torch.save(netd.state_dict(),'imgs2/'+'netd_{0}.pth'.format(epoch))
    torch.save(netg.state_dict(),'imgs2/'+'netg_{0}.pth'.format(epoch))
```

步骤6：训练模型

代码如下：

```python
# @torch.no_grad():数据不需要计算梯度，也不会进行反向传播
@torch.no_grad()
def generate(**kwargs):
    # 用训练好的模型生成图片
    for k_,v_ in kwargs.items():
        setattr(opt,k_,v_)
    device=torch.device("cuda")  if opt.gpu else torch.device("cpu")
    # 加载训练好的权重数据
    netg,netd=NetG(opt).eval(),NetD(opt).eval()
    # 两个参数返回第一个
    map_location=lambda storage,loc: storage
    #opt.netd_path等参数有待修改
    netd.load_state_dict(torch.load('./checkpoints/netd_99.pth',map_location=map_location),False)
```

```
            netg.load_state_dict(torch.load('./checkpoints/netg_99.pth',
map_location=map_location),False)
        netd.to(device)
        netg.to(device)
        #生成训练好的图片
        #初始化512组噪声,选其中好的保存输出
    noise=torch.randn(opt.gen_search_num,opt.nz,1,1).normal_(opt.gen_mean,
opt.gen_std).to(device)
        fake_image=netg(noise)
        score netd(fake_image).detach()
        #挑选出合适的图片
        #取出得分最高的图片
        indexs=score.topk(opt.gen_num)[1]
        result=[]
        for ii in indexs:
            result.append(fake_image.data[ii])
        #以opt.gen_img为文件名保存生成图片
        tv.utils.save_image(torch.stack(result),opt.gen_img,normalize=True,
range=(-1,1))
def main():
    #训练模型
    train()
    #生成图片
    generate()
if __name__=='__main__':
    main()
```

程序运行结果：

```
64it [04:05,   3.83s/it]
64it [04:03,   3.80s/it]
64it [04:03,   3.80s/it]
64it [04:02,   3.79s/it]
64it [04:02,   3.79s/it]
64it [04:02,   3.79s/it]
64it [04:04,   3.81s/it]
64it [04:02,   3.80s/it]
64it [04:02,   3.79s/it]
```

每50轮展示一次生成的图片，如图5-22所示。

图 5-22　经过三轮训练的动漫图像

向训练好的生成器中随机输入一组噪声,可以得到如图 5-23 所示的结果。

图 5-23　加入噪声生成的图像

测验

1. 下列关于生成模型的描述错误的是（　　）。
   A. 生成对抗网络的判别器进行训练时，其输入为生成器生成的图像和来自训练集中的真实图像，并对其进行判别
   B. 生成对抗网络包括两部分，即生成器和判别器
   C. 生成对抗网络的生成器从随机噪声中生成图像（随机噪声通常从均匀分布或高斯分布中获取）
   D. 如果生成对抗网络是无监督模型，则不需要任何训练数据

2. GAN 和 AutoEncoder 结构本质的区别是（　　）。
   A. 网络结构不同
   B. 输入不同
   C. 对数据集的要求不同
   D. 损失函数不同

3. 下列关于 GAN 的描述正确的是（　　）。
   A. 生成网络希望生成假图像的概率尽可能得大
   B. 生成网络希望生成假图像的概率尽可能得小
   C. 判别网络希望生成假图像的概率尽可能得大
   D. 判别网络希望生成假图像的概率尽可能得小

4. 生成对抗网络可用于解决（　　）问题。
   A. 动作迁移
   B. 老照片修复
   C. 人脸动漫化
   D. 图像翻译

笔记栏

项目五 对抗生成网络实战

项目总结

根据项目要求完成所有任务,填写任务分配表和任务报告表。

任务分配表

班级		组号		指导老师	
组长		学号		成员数量	
组长任务					
组员姓名	学号		任务分工		

任务报告表

学生姓名		学号		班级		
实施地点		实施日期	20____年____月____日			
任务类型	□演示性	□验证性	综合性	□设计研究	□其他	
任务名称						

一、任务中涉及的知识点

二、任务实施环境

三、实施报告(包括实施内容、实施过程、实施结果、所遇到的问题、采用的解决方法、心得反思等)

小组互评			
教师评价		日期	

项目六

TensorFlow.js 实战

项目概述

本项目将基于 TensorFlow.js 框架搭建网页端的人工智能应用，实现深度学习模型的应用部署。本项目包含四个任务：通过任务一配置项目运行所需要的环境；通过任务二基于 TensorFlow.js 初步部署一个简单的回归预测；通过任务三、任务四分别基于 TensorFlow.js 搭建和部署网页端的手写数字识别和服饰分类。

项目目标

知识目标：
- 了解 TensorFlow.js 架构。
- 了解网页与 JavaScript。

技能目标：
- 能够正确安装与配置 Web Server for Chrome 插件。
- 能够编写简单的网页。
- 能够基于 TensorFlow.js 搭建深度学习模型。

素质目标：
- 具有良好的职业道德。
- 具有持续创新的精神。

知识链接

1. TensorFlow.js

TensorFlow.js 是 TensorFlow 的 JavaScript 版本，可运行在浏览器环境中，也可以通过服务器端的 Node.js 启动。

图 6-1 所示为 TensorFlow.js 的架构。

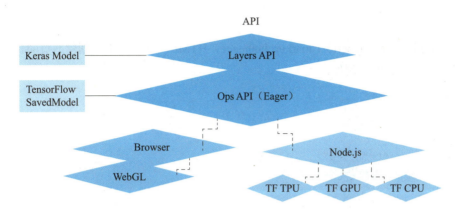

图 6-1　TensorFlow.js 的架构

它不但支持完全基于 JavaScript 从头开发、训练和部署模型，也可以用来运行已有的 Python 版的 TensorFlow 模型，或者基于现有的模型继续进行训练。

在浏览器中进行机器学习，相对服务器端来讲，将拥有以下四大优势：

①不需要安装软件或驱动（打开浏览器即可使用）。

②可以通过浏览器进行更加方便的人机交互。

③可以通过手机浏览器，调用手机硬件的各种传感器（如 GPS、电子罗盘、加速度传感器、摄像头等）。

④用户的数据可以无须上传到服务器，在本地即可完成所需的操作。

通过这些优势，TensorFlow.js 将给开发者带来极高的灵活性，开发者可去 TensorFlow.js 官网体验更多相关应用，如图 6-2 所示。

图 6-2　TensorFlow.js 官网应用

2. 网页编程语言

超文本标记语言（hypertext markup language，HTML）是一种用于创建网页的标准标记语言。下面举例进行说明，例如：

```
<!DOCTYPE html>
<html>
<head>
<meta charset="utf-8">
<title> 随机数智能 </title>
</head>
<body>
<h1> 标题：我是一门院校课程 </h1>
<p> 我是一个段落 </p>
<div> 我是一个容器 </div>
<ul> 下面是我的课程目录列表。
    <li> 项目1：构建XXX</li>
    <li> 项目2：实现YYY</li>
    <li> 项目3：完成ZZZ</li>
    </ul>
</body>
</html>
```

生成的网页结果如图6-3所示。

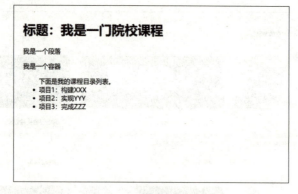

图6-3 网页生成示例

JavaScript是Web的编程语言，用于链接跳转等内容，可以按需爬取。例如：

```
<!DOCTYPE html>
<html>
<head>
<meta charset="utf-8">
<script>
```

```
function displayDate()
{
    document.getElementById("demo").innerHTML=Date();
}
</script>
</head>
<body>
<h1>我的第一个 JavaScript 脚本</h1>
<p id="demo">这是一个段落</p>
<button type="button"onclick="displayDate()">显示日期</button>
</body>
</html>
```

生成的网页如图6-4所示。

图 6-4　JavaScript 脚本生成网页示例

任务一　配置环境

在进行网页相关项目调试时，需要在本地模拟出一个网页服务器，而Chrome浏览器因为安全的因素，限制直接运行本地网页文件。Web Server for Chrome 是一款 Chrome的扩展程序，能够让用户使用Chrome充当自己的临时HTTP服务器。

虽然Chrome的功能比不上Apache或者Nginx这样的专业网页服务器，但从网页前端开发而言已经够用，只需要指定项目目录，就可以在浏览器中预览项目实现的效果。当然，Web Server For Chrome 也提供了一些基础设置功能，如开机启动、阻止计算机进入睡眠模式，默认直接进入 Index.html 页面等。

步骤1：下载插件

在"派Lab"人工智能实训平台上提供了Chrome浏览器和Web Server for Chrome插件的安

装包。将其下载到本地计算机中并解压，如图 6-5 所示。

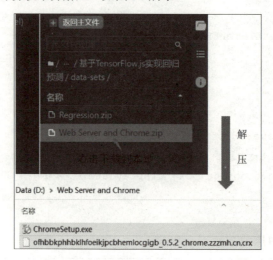

图 6-5　插件下载与解压

步骤 2：Web Server 插件安装与配置

确认计算机上安装了 Chrome 浏览器。如果没有安装，可以双击安装包 ChromeSetup.exe 进行安装。安装完成后打开 Chrome，再进行插件安装。安装插件有以下几种方法：

方法一：

①打开 Chrome 浏览器，从右上角打开"设置"菜单，从侧边栏选择"扩展程序"。

②进入 Chrome 浏览器的扩展程序界面，并将"开发者模式"打开。

具体操作如图 6-6 所示。

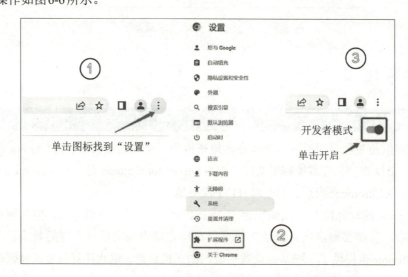

图 6-6　打开浏览器的开发者模式

③打开安装包所在文件夹，将插件安装包变为一个压缩包，具体操作是直接修改 ofhbbkphhbklhfoeikjpcbhemlocgigb_0.5.2_chrome.zzzmh.cn.crt 文件的扩展名，将其改为 ofhbbkp hhbklhfoeikjpcbhemlocgigb_0.5.2_chrome.zzzmh.cn.zip，如图6-7所示。

图 6-7 修改安装包扩展名

④将图6-7中的zip文件直接拖到扩展程序页面，出现如图6-8所示的插件，即安装完成。

图 6-8 插件安装成功

方法二：
①按照方法一，将文件扩展名改成zip后，右击该压缩文件，然后选择解压到文件夹中。
②在扩展程序页面单击"加载已解压的扩展程序"。
③找到压缩文件解压后的文件夹，选择文件夹即可。

步骤 3：新建一个本地文件夹

在本地计算机中新建一个文件夹，用于存储后续任务的源码，如D盘中的tensorflow_JS。

步骤 4：插件配置

①打开本地计算机中的Web Server for Chrome插件，如图6-9所示。

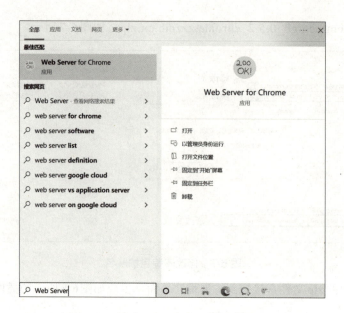

图 6-9　本机搜索 Web Server for Chrome 插件

②双击"打开"选项，选择步骤3创建的文件夹，如tensorflow_JS，另外，Options中的各项可参照图6-10进行配置。

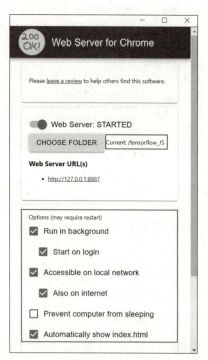

图 6-10　Web Server for Chrome 插件配置

步骤 5：通过 Chrome 浏览器打开文件夹

打开Chrome浏览器，并在地址栏中输入http://127.0.0.1:8887/，即可打开步骤3创建的文件

项目六 TensorFlow.js 实战

夹，如tensorflow_JS。在后续的任务中，可以将任务实现代码统一放在该文件夹中，双击对应任务的HTML文件即可打开网页，并进行相关的操作。

到此，Web Server for Chrome插件的安装与配置就完成了。

任务二 基于TensorFlow.js实现回归预测

在项目一中回顾了机器学习中最基本的线性回归算法，并且基于TensorFlow框架训练了线性回归模型。在此基础上，进一步将线性回归预测模型部署到网页端，初步熟悉TensorFlow.js框架的使用。

步骤1：下载源码并解压

在"派Lab"实训平台上找到对应的课程，进入实训环境，即可找到本任务相关的源码。按照图6-11所示的操作进行下载和解压。将压缩包"Regression.zip"解压到插件配置的对应目录（如：D盘tensorflow_JS文件夹下），其中包含了运行回归预测的TensorFlow.js脚本代码以及前端HTML文件。

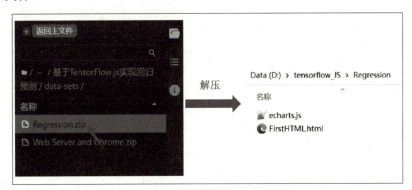

图6-11 回归预测源码下载

步骤2：源码解读

FirstHTML.html，在该文件中设计回归预测应用中出现的按钮、布局等。想要实现网页中的按钮进行实际操作，就需要编写相应的脚本代码来实现，即编写HTML实际调用的JavaScript脚本。在JavaScript脚本中可实现训练数据的读取、回归模型的训练及测试。在该HTML文件中嵌入了JavaScript脚本，核心代码如下：

```
// 建立模型并训练
const model=tf.sequential();
model.add(tf.layers.dense({units:1,inputShape: [1]}));
model.compile({
    loss:'meanSquaredError',
    optimizer:'sgd'
});
model.summary();
```

149

步骤3：打开网页

①确认插件已开启，具体操作：在本机中搜索应用，找到打开Web Server for Chrome，然后单击应用中的STARTED按钮。

②检查以上HTML、JavaScript文件在同一文件夹下。

③在Chrome浏览器中打开FirstHTML.html网页，可以看到如图6-12所示的页面，单击"确定"按钮，即可开始模型训练。

图6-12　打开回归预测网页

④右击页面空白处，在弹出的快捷菜单中选择"检查"命令，再选择（Console）控制台，即可查看模型训练过程中的损失值（Loss）变化，如图6-13所示。

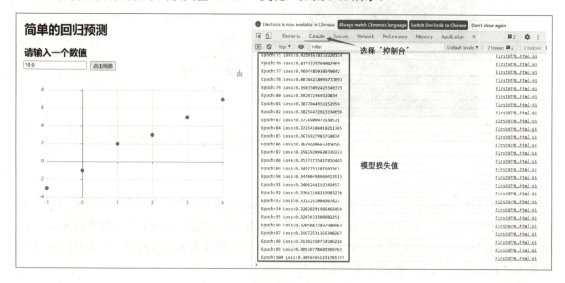

图6-13　查看模型Loss变化情况

步骤4：使用模型进行回归预测

稍等片刻，页面会提示模型训练完成，这时单击"确定"按钮，即可输出模型对默认输入值10对应的预测值，如图6-14所示。

然后，也可以在编辑框重新输入其他数值，单击"单击预测"按钮，即可看到模型对其预测值。

项目六　TensorFlow.js 实战

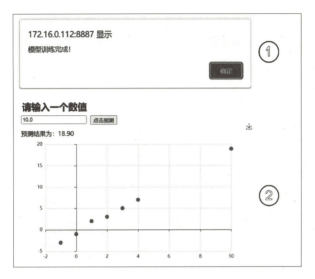

图 6-14　回归预测结果示例

任务三　基于 TensorFlow.js 部署网页版手写数字识别

本任务将要实现的是网页端的手写数字识别，即可以在网页指定区域写出任意一个数字（0~9之间），然后模型能够自动识别出写的是数字几。在之前的项目中，我们已经熟悉手写数字相关的数据集，以及基于 TensorFlow 框架搭建深度学习模型来实现手写数字识别。在本任务中，将基于 TensorFlow.js 框架实现在网页上进行手写数字图像数据的加载、可视化、识别模型的训练、手写数字的识别或分类。

步骤 1：下载源码并解压

在"派 Lab"实训平台上找到对应的课程，进入实训环境中，即可找到本任务相关的源码。按照图 6-15 所示的操作进行下载和解压，将压缩包 Mnist_detect.zip 解压到插件配置的对应目录（如 D 盘 tensorflow_JS 文件夹下），其中包含了运行手写数字识别的 TensorFlow.js 脚本代码以及前端 HTML 文件。

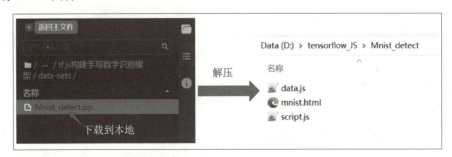

图 6-15　手写数字识别源码下载

步骤 2：源码解读

①在 mnist.html 文件中设计手写数字识别应用中出现的按钮、布局等，如图 6-16 所示。

151

想要实现网页中的按钮进行实际操作,就需要编写相应的脚本代码来实现,即编写HTML实际调用的JavaScript脚本。在JavaScript脚本中要实现图像数据的采集、识别模型的训练及验证。

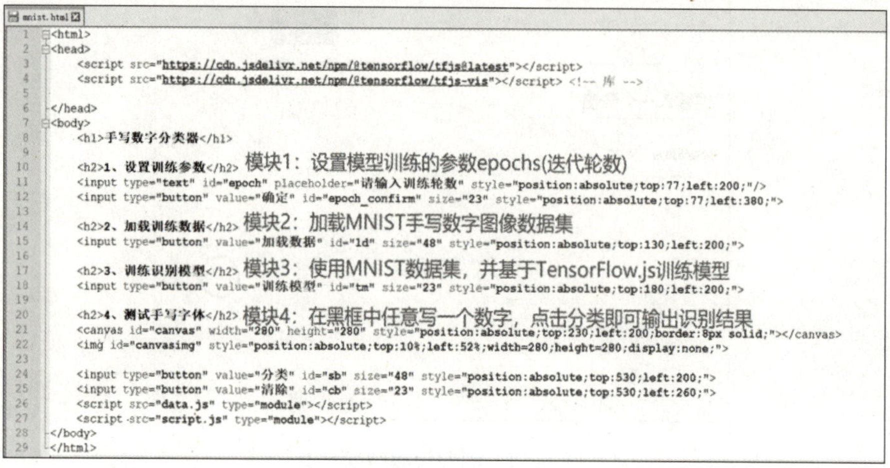

图 6-16 手写数字识别网页代码

②用data.js脚本文件加载MNIST数据集。

```
const IMAGE_SIZE=784;
const NUM_CLASSES=10;
const NUM_DATASET_ELEMENTS=65000;
const TRAIN_TEST_RATIO=5/6;
const NUM_TRAIN_ELEMENTS=Math.floor(TRAIN_TEST_RATIO*NUM_DATASET_ELEMENTS);
const NUM_TEST_ELEMENTS=NUM_DATASET_ELEMENTS-NUM_TRAIN_ELEMENTS;
const MNIST_IMAGES_SPRITE_PATH=
    'https://storage.googleapis.com/learnjs-data/model-builder/mnist_images.png';
const MNIST_LABELS_PATH=
    'https://storage.googleapis.com/learnjs-data/model-builder/mnist_labels_uint8';
```

③用script.js脚本基于TensorFlow.js搭建卷积神经网络模型并训练。核心代码如下:

```
function getModel(){
    model=tf.sequential();
    model.add(tf.layers.conv2d({inputShape:[28, 28, 1], kernelSize:3, filters:8, activation:'relu'}));
    model.add(tf.layers.maxPooling2d({poolSize:[2, 2]}))
    model.add(tf.layers.conv2d({filters:16, kernelSize:3, activation:'relu'}));
    model.add(tf.layers.maxPooling2d({poolSize:[2, 2]}));
    model.add(tf.layers.flatten());
    model.add(tf.layers.dense({units:128, activation:'relu'}));
```

```
        model.add(tf.layers.dense({units:10,activation:'softmax'}));
        model.compile({optimizer:tf.train.adam(),loss:'categoricalCrossentropy',
metrics:['accuracy']});
        return model;
    }
```

步骤3：打开手写熟悉识别网页

①确认插件已开启。

②检查以上HTML、JavaScript文件在同一文件夹下。

③在Chrome浏览器中打开mnist.html网页，可以看到如图6-17所示的页面。

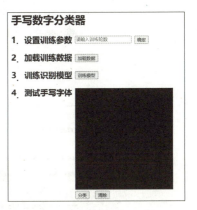

步骤4：设置训练参数

如图6-18所示，在编辑框内填写数字（大于0），设置模型训练的迭代轮数，然后页面会提示设置成功。

图6-17　手写数字识别网页

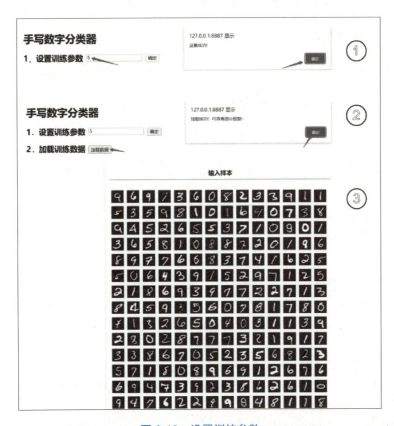

图6-18　设置训练参数

步骤 5：训练手写数字识别模型

单击图 6-17 中的"训练模型"按钮，开始进行训练，此时在页面右侧可以看到如图 6-19 所示的模型结构、模型在训练过程中损失、准确率的变化曲线；稍等片刻，页面将提示模型训练完成，可以单击"确定"按钮，查看最终模型的准确率。

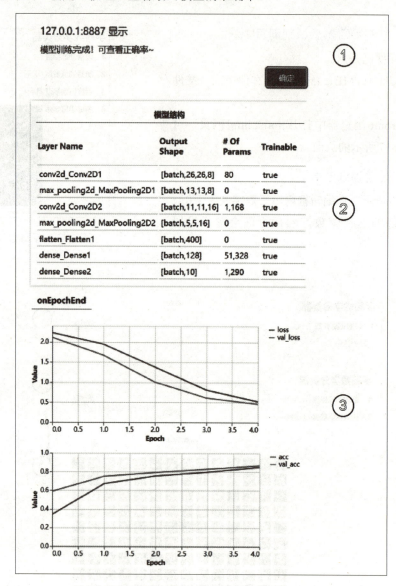

图 6-19 训练手势识别模型

步骤 6：手写数字进行测试

用鼠标代替手写在页面的黑框中可任意写出一个阿拉伯数字（0～9），页面将会输出一个模型的识别结果，如图 6-20 所示。

单击清除按钮，即可清空黑框中的数字，可以重新写一个数字进行测试。

图 6-20　测试手势识别模型

任务四　基于 TensorFlow.js 部署网页版服饰分类

本任务将要实现的是网页端的服饰分类，即可以在网页指定区域写出任意绘制一件服饰的图案（T恤/上衣、长裤、套头衫、连衣裙、外套、凉鞋、衬衫、运动鞋、包、踝靴10种服饰的一种），然后模型能够自动识别出所画的是什么服饰。在本任务中，将基于 TensorFlow.js 框架实现在网页上进行服饰相关图像数据的加载、可视化、识别模型的训练、服饰的分类或识别。

步骤 1：下载源码并解压

在"派 Lab"实训平台上找到对应的课程，进入实训环境中，即可找到本任务相关的源码。按照图6-21所示的操作进行下载和解压。将压缩包Fashion_detect.zip解压到插件配置的对应目录（如D盘tensorflow_JS文件夹下），其中包含了运行服饰分类的TensorFlow.js脚本代码以及前端HTML文件。

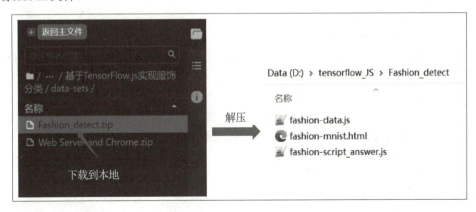

图 6-21　服饰分类源码下载

步骤 2：源码解读

①在fashion-mnist.html文件中设计服饰分类应用中出现的按钮、布局等，如图6-22所示。

想要实现网页中的按钮进行实际操作,需要编写相应的脚本代码来实现,即编写 HTML 实际调用的 JavaScript 脚本。在 JavaScript 脚本中要实现图像数据的采集、分类模型的训练及验证。

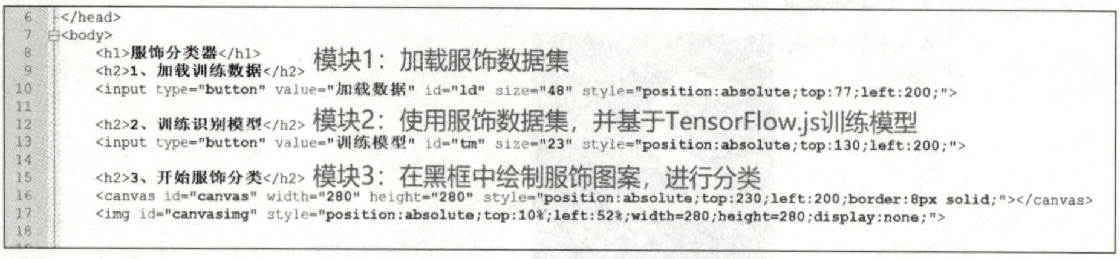

```html
    </head>
    <body>
    <h1>服饰分类器</h1>                     模块1:加载服饰数据集
    <h2>1、加载训练数据</h2>
    <input type="button" value="加载数据" id="ld" size="48" style="position:absolute;top:77;left:200;">

    <h2>2、训练识别模型</h2>                 模块2:使用服饰数据集,并基于TensorFlow.js训练模型
    <input type="button" value="训练模型" id="tm" size="23" style="position:absolute;top:130;left:200;">

    <h2>3、开始服饰分类</h2>                 模块3:在黑框中绘制服饰图案,进行分类
    <canvas id="canvas" width="280" height="280" style="position:absolute;top:230;left:200;border:8px solid;"></canvas>
    <img id="canvasimg" style="position:absolute;top:10%;left:52%;width=280;height=280;display:none;">
```

图 6-22 服饰分类网页代码

②用 fashion-data.js 脚本加载服饰数据集。

```
const IMAGE_SIZE=784;
const NUM_CLASSES=10;
const NUM_DATASET_ELEMENTS=70000;
const TRAIN_TEST_RATIO=1/7;
const NUM_TRAIN_ELEMENTS=Math.floor(TRAIN_TEST_RATIO*NUM_DATASET_ELEMENTS);
const NUM_TEST_ELEMENTS=NUM_DATASET_ELEMENTS-NUM_TRAIN_ELEMENTS;
const MNIST_IMAGES_SPRITE_PATH='https://storage.googleapis.com/learnjs-data/model-builder/fashion_mnist_images.png';
const MNIST_LABELS_PATH='https://storage.googleapis.com/learnjs-data/model-builder/fashion_mnist_labels_uint8';
```

③用 fashion-script_answer.js 脚本基于 TensorFlow.js 搭建卷积神经网络模型并训练。最后一层全连接层神经元个数为 10,即最后输出 10 种服饰类别的概率(T恤/上衣、长裤、套头衫、连衣裙、外套、凉鞋、衬衫、运动鞋、包、踝靴)。核心代码如下:

```
functiongetModel() {
  model=tf.sequential();
  model.add(tf.layers.conv2d({inputShape:[28, 28, 1], kernelSize:3, filters:8, activation:'relu'}));
  model.add(tf.layers.maxPooling2d({poolSize:[2, 2]}));
  model.add(tf.layers.conv2d({filters:16, kernelSize:3, activation: 'relu'}));
  model.add(tf.layers.maxPooling2d({poolSize:[2, 2]}));
  model.add(tf.layers.flatten());
  model.add(tf.layers.dense({units:128, activation:'relu'}));
  model.add(tf.layers.dense({units:10, activation:'softmax'}));
  model.compile({optimizer:tf.train.adam(), loss:'categoricalCrossentropy', metrics:['accuracy']});
  return model;
}
```

步骤 3：打开服饰分类网页

①确认插件已开启。

②检查以上 HTML、JavaScript 文件在同一文件夹下。

③在 Chrome 浏览器中打开 fashion-mnist.html 网页，可以看到如图 6-23 所示的页面。

步骤 4：加载服饰数据集

单击"加载数据"按钮，稍等片刻，页面提示加载完成，可以单击"确定"按钮，查看部分图像数据，如图 6-24 所示。

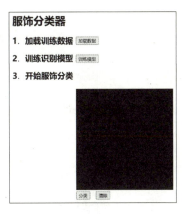

图 6-23　服饰分类网页

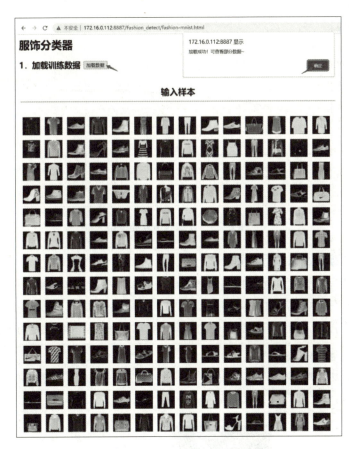

图 6-24　服饰数据集

步骤 5：训练服饰分类模型

单击"训练模型"按钮，开始进行训练，此时在页面右侧可以看到如图 6-25 所示的模型结构、模型在训练过程中损失、准确率的变化曲线；稍等片刻，页面将提示模型训练完成。

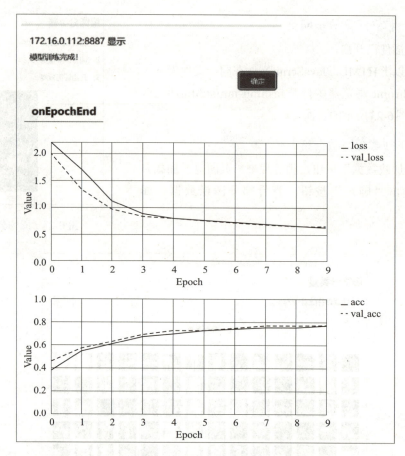

图 6-25　训练服饰分类模型

步骤 6：绘制服饰图案进行测试

用鼠标代替手写在页面的黑框中可任意画出一个服饰图案（10 种服饰中的一种），页面将会输出一个模型的识别结果，如图 6-26 所示。

单击"清除"按钮，即可清空黑框中的图案，可以重新画一个图案进行测试。

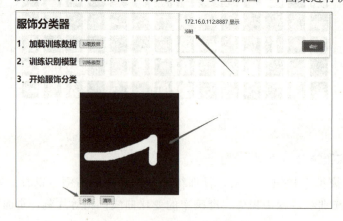

图 6-26　测试服饰分类模型

项目六 TensorFlow.js 实战

1. 关于 TensorFlow.js，下列说法错误的是（　　）。
   A. TensorFlow.js 是一个 JavaScript 库
   B. 使用 TensorFlow.js 可以在浏览器上创建 CNN、RNN 等模型
   C. TensorFlow.js 可以在浏览器或 Node.js 服务端运行
   D. TensorFlow.js 中的张量即变量

2. 关于 TensorFlow.js 中的张量与变量，下面说法错误的是（　　）。
   A. 张量（tensor）和变量（variable）是 TensorFlow.js 中数据的主要表现形式
   B. 张量是不可变的
   C. 变量是可变的
   D. 张量是通过变量进行初始化得到的

3. Tensorflow.js 如何构建模型（　　）。
   A. 创建 Sequential 模型
   B. 创建 Functional 模型
   C. 创建 Sequential 模型或 Functional 模型

4. 以下（　　）不是 TensorFlow.js 的优点。
   A. 网页应用交互性更强
   B. 有访问 GPS、Camera、Microphone、Accelerator 等传感器的标准 API
   C. 通过链接即可分享程序
   D. TensorFlow.js 开发的应用运行速度非常快

5. 关于 TensorFlow.js，下列说法正确的是（　　）。
   A. TensorFlow.js 与 TensorFlow 是一回事
   B. TensorFlow.js 是由阿里推出的
   C. TensorFlow.js 是一个基于 TensorFlow 的前端深度学习框架
   D. TensorFlow.js 无法实现在浏览器上训练模型

笔记栏

深度学习技术与应用（TensorFlow 版）

 项目总结

根据项目要求完成所有任务，填写任务分配表和任务报告表。

任务分配表

班级		组号		指导老师	
组长		学号		成员数量	
组长任务					
组员姓名	学号			任务分工	

任务报告表

学生姓名		学号		班级	
实施地点		实施日期	20____年____月____日		
任务类型	□演示性	□验证性	□综合性	□设计研究	□其他
任务名称					

一、任务中涉及的知识点

二、任务实施环境

三、实施报告（包括实施内容、实施过程、实施结果、所遇到的问题、采用的解决方法、心得反思等）

小组互评	
教师评价	日期

参考文献

[1] 袁红春,梅海彬. 人工智能应用与开发[M]. 上海:上海交通大学出版社,2022.
[2] 何泽奇,韩芳,曾辉. 人工智能[M]. 北京:航空工业出版社,2021.
[3] 米爱中,姜国权,霍占强. 人工智能及其应用[M]. 长春:吉林大学出版社,2014.
[4] 林尧瑞,马少平. 人工智能导论[M]. 北京:清华大学出版社,1989.
[5] 陈海虹. 机器学习原理及应用[M]. 成都:电子科技大学出版社,2017.
[6] 石纯一,黄昌宁. 人工智能原理[M]. 北京:清华大学出版社,1993.
[7] 王永庆. 人工智能原理与方法[M]. 西安:西安交通大学出版社,1998.
[8] 蔡希尧,陈平. 面向对象技术[M]. 西安:西安电子科技大学出版社,1993.
[9] 钟义信,潘新安,杨义先. 智能理论与技术:人工智能与神经网络[M]. 北京:人民邮电出版社,1992.
[10] 刘峡壁,马霄虹,高一轩. 人工智能:机器学习与神经网络[M]. 北京:国防工业出版社,2020.
[11] 孙即祥,姚伟,滕书华. 模式识别[M]. 北京:国防工业出版社,2009.
[12] 蒋加伏,朱前飞. Python程序设计基础[M]. 北京:北京邮电大学出版社,2019.
[13] 周元哲. Python数据分析与机器学习[M]. 北京:机械工业出版社,2022.
[14] 孙茂松,李涓子,张钹总. 自然语言处理研究前沿[M]. 上海:上海交通大学出版社,2019.
[15] 陈仕鸿,李宇耀,马朝辉. Python自然语言处理基础[M]. 广州:广东高等教育出版社,2021.
[16] 周志华,王魏,高尉,等. 机器学习理论导引[M]. 北京:机械工业出版社,2020.
[17] 杨行峻,郑君里. 人工神经网络[M]. 北京:高等教育出版社,1992.
[18] 文常保,茹锋. 人工神经网络理论及应用[M]. 西安:西安电子科技大学出版社,2019.